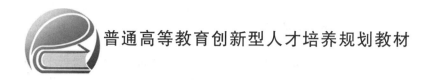

普通高等教育创新型人才培养规划教材

多旋翼无人机设计

陈 阳 梁建宏 编著

北京航空航天大学出版社

内容简介

本书从介绍多旋翼无人机各子系统的组成出发，结合理论知识设置了多个实验测试环节，包含机身机械结构子系统、电机/螺旋桨子系统、电源子系统、传感器子系统、控制子系统等主要系统模块。本书旨在帮助学生进行基于模块化的子系统学习以掌握多旋翼无人机设计中的关键技术及方法，并最终具备形成飞行器总系统的能力。本书具有基础性、实践性、系统性等特点。

本书可作为高年级本科生教材，还可作为该领域研究的入门指南，亦可作为多旋翼飞行器工程师的自学教材。

图书在版编目(CIP)数据

多旋翼无人机设计 / 陈阳，梁建宏编著. -- 北京 ：北京航空航天大学出版社，2018.5

ISBN 978-7-5124-2703-7

Ⅰ. ①多… Ⅱ. ①陈… ②梁… Ⅲ. ①无人驾驶飞机－设计 Ⅳ. ①V279

中国版本图书馆 CIP 数据核字(2018)第 088506 号

多旋翼无人机设计

陈　阳　梁建宏　编著

责任编辑　孙兴芳

*

北京航空航天大学出版社出版发行

北京市海淀区学院路 37 号(邮编 100191)　http://www.buaapress.com.cn

发行部电话：(010)82317024　传真：(010)82328026

读者信箱：goodtextbook@126.com　邮购电话：(010)82316936

保定市中画美凯印刷有限公司印装　各地书店经销

*

开本：787×1 092　1/16　印张：9.75　字数：250 千字

2018 年 8 月第 1 版　2018 年 8 月第 1 次印刷　印数：3 000 册

ISBN 978-7-5124-2703-7　定价：35.00 元

前　言

目前，无人机在公共安全、消费等领域得到越来越广泛的应用，并且作为一种智能设备，其将在农业植保、国土监测、企业服务等领域得到越来越多的关注。然而，由于无人机开发具有一定的技术门槛，仅有少数一些院校能够进行与无人机相关的科学研究活动，对于具有电子、信息、控制等专业的众多院校而言，其进行无人机平台开发具有一定的难度。鉴于此，我们希望能够推出一套无人机专业课程建设方案，以期推动无人机教学在各大高校的普及，进而促进无人机在应用领域的发展。

从航空飞行器的发展历程来看，按照产生升力原理的不同，航空飞行器主要分为轻于空气的航空飞行器和重于空气的航空飞行器两大类。前者靠空气静浮力升空，包括气球、飞艇等；后者靠空气动力克服重力升空，包括固定翼飞行器、旋翼飞行器及扑翼飞行器。其中，固定翼飞行器续航时间最长、飞行效率最高、载荷最大，但它需要助跑起飞，降落时必须滑行；扑翼飞行器更多的是从仿生角度模仿鸟类的飞行；旋翼飞行器虽然不具备固定翼飞行器足够长的续航时间，但它垂直起降的优点适合场地有限的飞行，相较于固定翼飞行器，旋翼飞行器更适合于无人机专业建设，利于实验实训的开展。

就旋翼飞行器而言，可分为单旋翼飞行器和多旋翼飞行器两种。其中，单旋翼飞行器主要是我们常见的直升机，此种飞行器机械结构复杂，维护较为困难；多旋翼飞行器主要有三旋翼、四旋翼、六旋翼、八旋翼等。多旋翼飞行器由于其结构紧凑，2005—2013 年期间，国内外许多高校、企业等的科研团队针对多旋翼的自主飞行控制进行了深入研究，证明其相较于单旋翼飞行器具有更好的安全性与操作性，并且可控性好。

自 2013 年起，多旋翼飞行器在消费级市场迎来了爆发式发展，目前在消费级无人飞行器市场占据了很大的份额，国内包括大疆、极飞、零度智控、科比特、亿航等从事无人机研发生产的厂商在该领域做了大量的工作，对推动我国多旋翼飞行器的发展做出了突出的贡献。

多旋翼飞行器的使用者主要有两类：第一类是单纯的任务载荷使用者，主要是直接基于前述厂商提供的多旋翼飞行器平台实现航拍、植保、监控等任务；第二类是包括本专科院校师生在内的极客与爱好者，利用前述厂商提供的机械、动力配件，结合自身在飞行器导航、制导与控制方面的兴趣，自己动手制作多旋翼飞行器。对于第一类使用者，主要是向其提供一套使用便捷的飞行器系统；对于第二类使用者，则涉及包括机械、动力、电子、控制、软件等多学科的设计与测试。

综上所述，选用多旋翼飞行器作为无人机专业的切入点具有理论与市场基础。

从逆向设计来看，多旋翼无人机的设计主要包括系统的总体方案设计及各子系统的详细设计。总体方案设计主要是对需求分析进行学科专业分解，形成各个子系统方案，而后针对子系统进行详细设计。多旋翼无人机系统可分解为如下子系统：机身机械结构子系统、电机/螺旋桨子系统、电源子系统、传感器子系统、控制子系统、数据链路子系统。就开设无人机专业课程而言，可以从介绍多旋翼无人机子系统出发，结合理论知识设置各个子系统的实验测试环节，帮助学生基于模块化建立起多旋翼无人机设计中关键技术的认知及解决方法，最终形成飞行器总系统。

全书内容如下：

第 1 章　无人机概述：主要讲述无人机、多旋翼无人机的概念；重点是帮助学生建立起多旋翼无人机的基本概念并确立总体设计原则，使其能够对多旋翼无人机的性能进行分析评价。

第 2 章　多旋翼无人机的机械结构：主要讲述多旋翼无人机结构设计的要求及材料选择，振动的来源及减振措施；重点是帮助学生确立结构设计的原则以及选择减振方法。

第 3 章　多旋翼无人机动力系统：主要讲述不同的动力电池、无刷电机、螺旋桨，并进行动力系统建模；重点是帮助学生认识不同类型电池的特性，掌握无刷电机的参数及螺旋桨升力、扭矩参数的测试及动力系统建模方法。

第 4 章　多旋翼无人机传感系统：主要讲述无人机导航需要的加速度计、陀螺仪、磁强计、GPS 接收机、气压高度计、超声测距与光流测速等传感器的原理与使用，并介绍组合导航算法；重点是帮助学生理解并掌握不同传感器的使用方法及工程注意事项。

第 5 章　多旋翼无人机飞行控制系统：主要讲述多旋翼无人机动力学建模、参数辨识、姿态稳定控制方法设计及仿真；重点是帮助学生掌握飞行控制的基本规律及现有自驾仪的参数调整方法。

第 6 章　多旋翼无人机的发展与展望：主要讲述多旋翼无人机的先进控制方法及视觉导航发展；重点是帮助学生跟踪未来发展趋势。

本书由陈阳、梁建宏编著，其中，第 1、2、6 章由梁建宏编写，第 3、4、5 章及附录由陈阳编写。北京博创尚和科技有限公司在测试平台上给予了很大的支持，在此表示衷心的感谢！

本书涉及工程领域的多个学科，由于作者水平有限，错漏之处在所难免，恳请广大读者批评指正。关于本书的任何建议和疑问，请读者与作者联系，联系方式：chenyang4117@163.com。

作　者

2018 年 3 月

目　　录

第1章　无人机概述

引言：近年来，以四轴无人机为代表的消费级无人机越来越多地融入了人们的生活，从全球消费电子展(CES)到国内各式各样的无人机展会，从线上航模店铺、无人机专营店到线下玩具店里，都有各式各样的无人机及其周边产品；从少年儿童手上的无人机玩具到专业无人机驾驶员操纵的各型无人机，从学生竞赛DIY的四旋翼无人机到企业生产的专业级无人机，从森林防火监测到大面积农业植保喷药等诸多领域，都能见到其飒爽英姿。那么，以四轴无人机为代表的无人机与传统的飞机有什么区别？其到底有一个怎样的发展历程？本章将从飞行器的基本定义出发，阐述四轴飞行器等无人机的基本概念。

1.1　无人机的概念

1.1.1　飞行器的定义和分类

飞行器是在大气层内或大气层外空间(太空)飞行的器械，其可分为5类：航空器、航天器、火箭、导弹和制导武器。

1. 航空器

在大气层内飞行的飞行器称为航空器，如气球、滑翔机、飞艇、飞机、直升机等，它们靠空气的静浮力或空气相对运动产生的空气动力升空飞行。根据产生向上力的基本原理的不同，航空器可划分为两大类：一类是轻于空气的航空器，靠空气静浮力升空，主要有气球、飞艇；另一类是重于空气的航空器，靠空气动力克服自身重力升空，主要有各式各样的固定翼飞机、旋翼飞机、扑翼机等。图1.1所示为6种常见的航空器，有热气球、飞艇、直升机、战斗机、民航客机及滑翔机。

2. 航天器

在太空飞行的飞行器称为航天器，如人造地球卫星、载人飞船、空间探测器、航天飞机等，它们在运载火箭的推动下获得必要的速度进入太空，然后在引力作用下完成轨道运动。图1.2所示为人造卫星、载人飞船和航天飞机。

3. 火　箭

火箭是一种自身既带有燃料，又带有助燃用的氧化剂，用火箭发动机作动力装置的飞行器，可以在大气层内飞行，也可以在大气层外飞行。现代火箭可用作快速远距离运送工具，如作为探空、空间站的运载工具，以及其他飞行器的助推器等。图1.3所示为发射中的我国CZ-2F运载火箭。

4. 导　弹

导弹是一种依靠制导系统来控制飞行轨迹的可以指定攻击目标，甚至追踪目标动向的无

(a) 热气球

(b) 飞　艇

(c) 直升机

(d) 战斗机

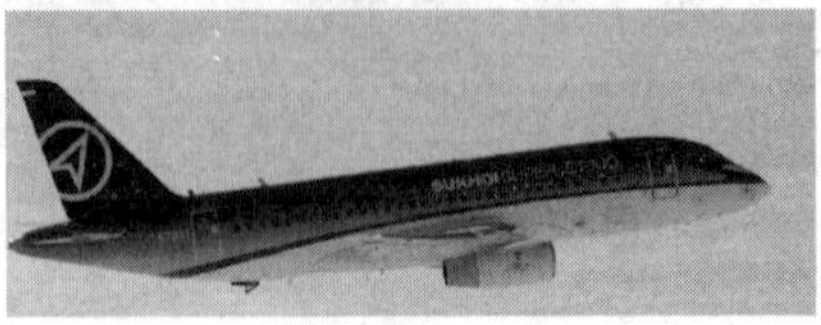

(e) 民航客机

(f) 滑翔机

图 1.1　6 种常见的航空器

(a) 人造卫星

(b) 载人飞船

(c) 航天飞机

图 1.2　人造卫星、载人飞船和航天飞机

图 1.3　发射中的我国 CZ－2F 运载火箭

人驾驶武器，其任务是把战斗部装药在打击目标附近引爆并毁伤目标，或在没有战斗部的情况下依靠自身动能直接撞击目标以达到毁伤效果。其主要有在大气层外飞行的弹道导弹，以及装有翼面在大气层内飞行的空空导弹、地空导弹、巡航导弹等。图 1.4 所示为发射中的空空导弹模拟图。

图 1.4　发射中的空空导弹模拟图

5. 制导武器

制导武器是以微电子、电子计算机和光电转换技术为核心的，以自动化技术为基础发展起来的高新技术武器，它是按一定规律控制武器的飞行方向、姿态、高度和速度，引导战斗部准确攻击目标的各类武器的统称，如末敏弹、制导炸弹等。图 1.5 所示为某型激光制导炸弹，与常规炸弹相比，气动布局增加了飞翼，炸弹前增加了激光制导装置。

图 1.5　某型激光制导炸弹

1.1.2　无人机的定义

无人机（Unmanned Aerial Vehicle）就是利用无线遥控或程序控制来执行特定航空任务的飞行器，是一种不搭载操作人员的动力空中飞行器。其采用空气动力为飞行器提供所需的升力，能够自动飞行或远程引导，既能一次性使用也能进行回收，能够携带致命性和非致命性有效负载。

无人机系统种类繁多、用途广、特点鲜明，使其在尺寸、质量、航程、航时、飞行高度、飞行速度、任务等多方面都有较大差异。由于无人机的多样性，出于不同的考量会有不同的分类方法，具体如下：

① 按飞行平台构型分，无人机可分为固定翼无人机、旋翼无人机、无人飞艇、伞翼无人机、扑翼无人机；

② 按用途分，无人机可分为军用无人机和民用无人机；

③ 按尺寸分，无人机可分为微型无人机、小型无人机、中型无人机以及大型无人机；

④ 按活动半径分，无人机可分为超近程无人机、近程无人机、短程无人机、中程无人机和远程无人机；

⑤ 按任务高度分，无人机可以分为超低空无人机、低空无人机、中空无人机、高空无人机和超高空无人机。

具体分类指标如图 1.6 所示。

- 无人机分类
  - ①按飞行平台构型分
    - 固定翼无人机
    - 旋翼无人机
    - 无人飞艇
    - 伞翼无人机
    - 扑翼无人机
  - ②按用途分
    - 军用无人机
      - 侦察无人机
      - 诱饵无人机
      - 电子对抗无人机
      - 通信中继无人机
      - 无人战斗机
      - 靶机
    - 民用无人机
      - 巡视无人机
      - 农用无人机
      - 气象无人机
      - 勘探无人机
      - 测绘无人机
  - ③按尺寸分
    - 微型无人机（质量≤1 kg）
    - 小型无人机（1 kg<质量≤100 kg）
    - 中型无人机（100 kg<质量≤1 000 kg）
    - 大型无人机（1 000 kg<质量）
  - ④按活动半径分
    - 超近程无人机（半径≤15 km）
    - 近程无人机（15 km<半径≤50 km）
    - 短程无人机（50 km<半径≤200 km）
    - 中程无人机（200 km<半径≤800 km）
    - 远程空无人机（800 km<半径）
  - ⑤按任务高度分
    - 超低空无人机（高度≤100 m）
    - 低空无人机（100 m<高度≤1000 m）
    - 中空无人机（1 000 m<高度≤7 000 m）
    - 高空无人机（7 000 m<高度≤180 000 m）
    - 超高空无人机（180 000 m<高度）

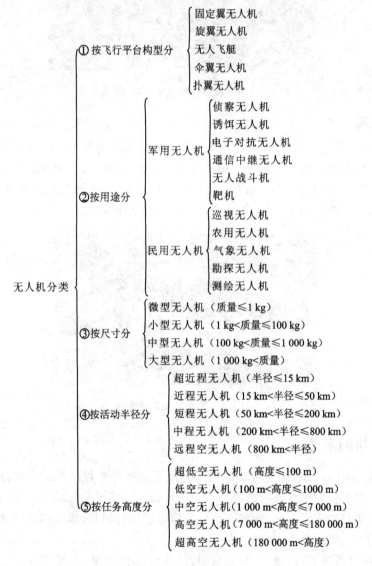

图 1.6　无人机分类

1.2 多旋翼无人机的发展历程

多轴飞行器的概念几十年前就已经出现，但是因为同时期的技术水平有限，大型四轴飞行器的制造难度很高，性价比远远低于固定翼飞行器和直升机飞行器，因此历史上人们更多关注固定翼飞行器和直升机飞行器的研发，相对地，多旋翼飞行器的发展较缓慢；2002 年前后，随着微机电系统（MEMS）的成熟，以及电池和无刷电机等技术的发展，电动微型（直径小于 1 m，质量小于 2 kg）四轴无人机被发现是一种效率极高的飞行器，引起了学术界极大的关注；2005 年之后，小型四轴无人机的研究日趋成熟，一些商用产品开始面世。

国外比较著名的研究例子有：

① 瑞士洛桑联邦理工学院（EPFL）于 2003 年开始研发的 OS4 微型四轴无人机，主要是进行了机构设计和自主飞行控制算法研究，至 2004 年，已经分别基于多种控制算法（如 PID、LQ、Backstepping、Sliding-mode）实现了飞行器姿态控制。OS4 Ⅱ 的机身最大长度为 72 cm，重 520 g，机载 230 g 的锂电池能提供自主飞行 30 min 的能量。它与 OS4 Ⅰ 的区别主要有：使用了桨叶面积更大的新旋翼；使用了更轻、功率更大的 LPK 无刷电机 BLDC；使用皮带减速装置代替了电机减速箱；控制器、传感器、电池和电机驱动模块等都直接安装在机体上，不再由机体外部提供。2006 年 1 月，EPFL 已经实现了 OS4 Ⅱ 在室内环境中基于惯导的自主悬停控制；2013 年，EPFL 教授 Raffaello D'Andrea 的团队在 TED 展示了其四旋翼无人机。EPFL 研究的 OS4 Ⅰ、OS4 Ⅱ 及最新四轴无人机如图 1.7 所示。

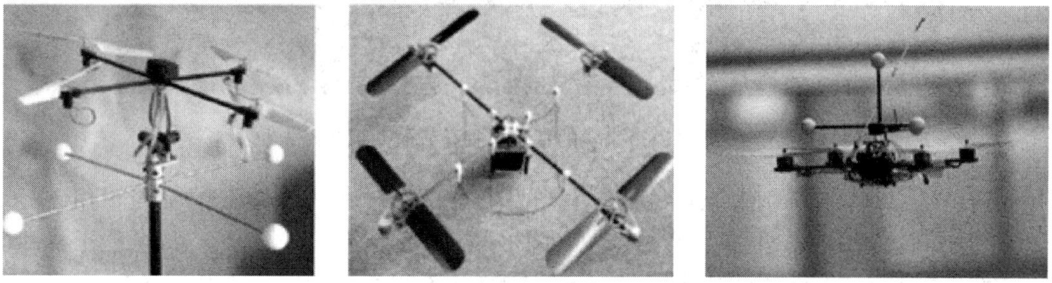

(a) OS4 Ⅰ　　(b) OS4 Ⅱ　　(c) 最新四轴无人机

图 1.7 EPFL 研究的 OS4 Ⅰ、OS4 Ⅱ 及最新四轴无人机

② GRASP 实验室设计了一种能够在室内飞行的四旋翼无人机 HMX4（见图 1.8），这种飞行器通过室内的红外光辅助惯性测量单元进行姿态检测，能够在室内实现稳定飞行、翻转、避障、目标识别和着陆等功能，具有极强的控制稳定性和鲁棒性。另外，该实验室还完成了多飞行器协同工作，室内飞行器定位与 3D 建图，图像视觉与目标识别以及一些极端条件下的飞行实验。2012 年，Vijay Kumar 教授在 TED 展示了其四旋翼无人机，一场充满数学公式的演讲吸引了来自全世界的科技爱好者，并引爆了全球多旋翼无人机市场。

③ 麻省理工大学的 Abraham Bachrach、Nicholas Roy 等人设计了一种能够完成室内定位、建图和避障的四旋翼无人机（见图 1.9），该飞行器通过激光雷达获得周围的环境信息，并通过 SLAM（Simultaneous Localization and Mapping）算法进行飞行器室内定位，建立环境的 3D 地图，根据环境信息进行障碍物判断和路径规划，进而在室内无法接收到 GPS 信号的情况

图 1.8　GRASP 实验室设计的室内飞行的四旋翼无人机 HMX4

下能够自主飞行，并能够实现避障等功能。

图 1.9　麻省理工大学的基于视觉导航的四旋翼无人机

④ MD4－200 是德国 Microdrones 公司研发的微型无人机，机体和云台完全采用碳纤维材料制造，这种材料使得 MD4－200 拥有更小的质量和更高的强度，并具有抗电磁干扰的能力，如图 1.10 所示，飞行时间不低于 20 min。MD4－200 的核心是 AAHRS(姿态、高度及航向参考系统)，其集成了加速度计、陀螺仪(又称为“角速率陀螺”)、磁力计、气压计、湿度计、温度计等多种高精度传感器和卓越的控制算法，因而使得 MD4－200 的操控变得非常简单。用户可制定飞行航线规划，让飞行器按照预设的航线自动飞行。用户通过采用选配的 GPS 系统能够实现空间位置锁定与自动航点导航功能，还可以选择以 MicroSD 卡作为记录器的飞行记录仪来实时记录和分析飞行数据，所有重要的飞行数据都可以下载到数据中心，包括电池状态、高度、姿态、位置、飞行时间等，用于航后的数据分析。MD4－200 还具有安全保护措施以避免坠毁，它能够在电量不足和失去控制信号的情况下自主降落。

⑤ AR.Drone 四旋翼无人机是法国 Parrot 公司开发的一款飞行器(见图 1.11)，其类似于一款无人驾驶直升机，拥有 4 个独立旋翼，操作员可以使用 iPad、iPhone 和 iPod Touch 上的软件对其进行飞行控制操作。由于整个飞行器的操作都是基于其自身发出的 WiFi 信号，因此操控距离可达 50 m。该飞行器的下方还加装有重力感应装置、陀螺仪、机械控制芯片等部件，利用智能飞行技术可以纠正风力和其他环境误差，平衡其飞行速度和角度。这款飞行器的驾

驶舱前部安装有一个摄像头，可以将第一人称视角的画面通过 WiFi 信号传回 iPad（或 iPhone、iPod Touch），这样就能在 iPad 上看到逼真的模拟驾驶舱画面。同时，Parrot 公司还提供 SDK，游戏开发者可针对该产品设计开发虚拟空战游戏。

图 1.10　MD4-200 四旋翼无人机

图 1.11　AR. Drone 四旋翼无人机

国内四旋翼发展方面，最开始主要是国防科技大学在 2004 年进行了比较深入的理论建模到实践的研究。其他如北京航空航天大学、哈尔滨工业大学、浙江大学、西北工业大学等也相继在相关理论方面进行了研究。但真正将四旋翼推向市场，引爆人们热情的推手是大疆科技公司，其于 2012 年 12 月份推出了精灵 1 四轴无人机，并且后续推出的精灵系列无人机快速成为许多航拍爱好者的选择。此后，如极飞、亿航、零度智控等多家中国无人机企业也进行了四旋翼、六旋翼、八旋翼等多轴旋翼无人机的研发及产业化推广。图 1.12 所示为国内厂商研发生产的一些多旋翼无人机产品。

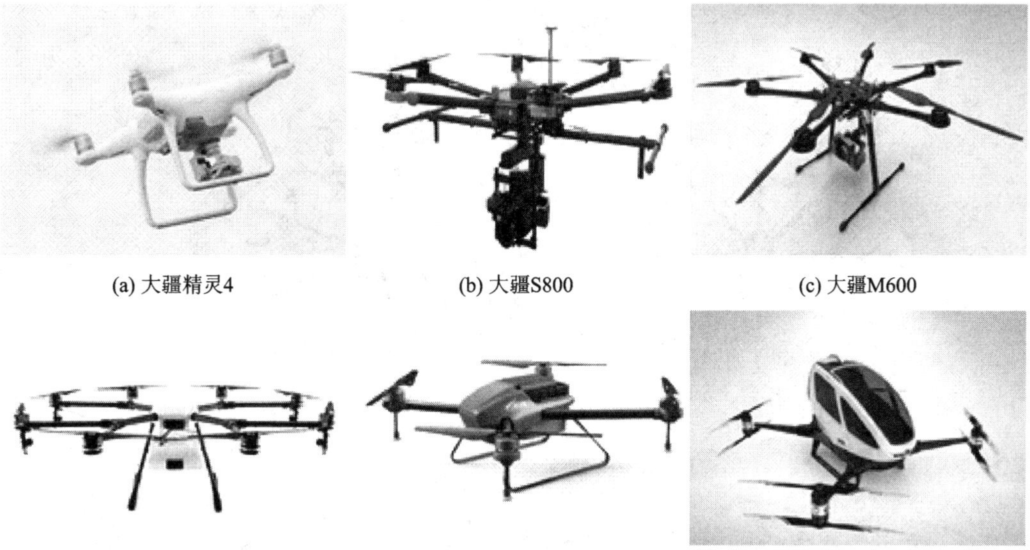

(a) 大疆精灵4　(b) 大疆S800　(c) 大疆M600

(d) 大疆MG-1　(e) 极飞 P20V2　(f) 亿航184

图 1.12　国内的一些多旋翼无人机产品

1.3　典型多旋翼产品及其参数分析

在多旋翼无人机布局中，螺旋桨数量多选择偶数（4、6 或 8 片），螺旋桨的布局大都选择正多边形对称分布。机身纵轴（或者机头方向）的选择方式有两种：一种是沿着两对称螺旋桨轴线(记为＋形),另一种是沿着两相邻螺旋桨的中线(记为 X 形)。当选择＋型或 X 形布局时,飞行器相应姿态控制的动态响应速度是不同的。以四旋翼为例,同样尺寸、质量的飞行器,以及相同的电机、螺旋桨,选择 X 形布局时,其响应速度要比选择＋形的快。图 1.13 所示为多旋翼无人机典型布局。我们以 QUAD、HEXA、OCTO 分别代表四旋翼、六旋翼及八旋翼,则

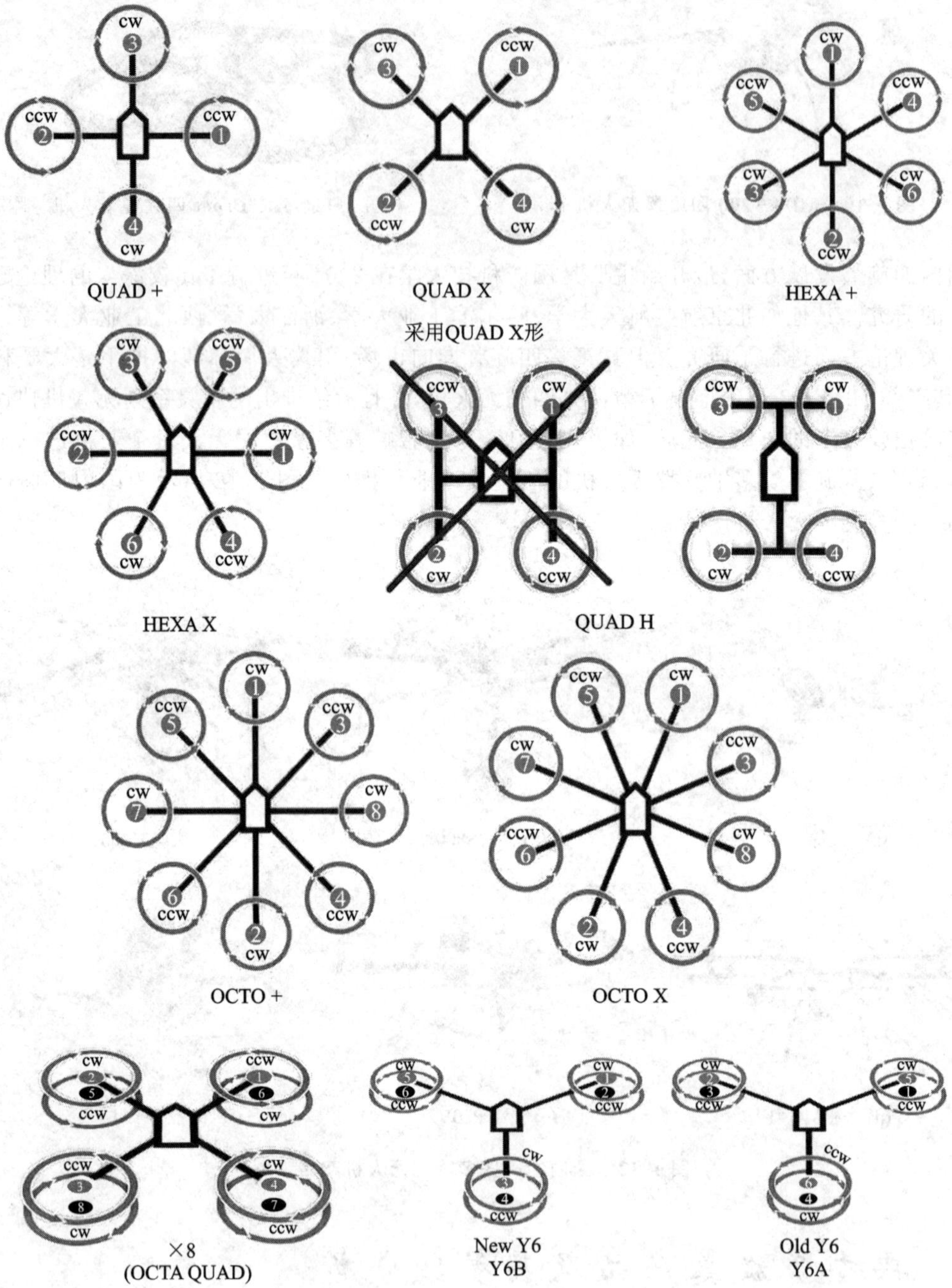

图 1.13　多旋翼无人机典型布局

相应的常规布局有 QUAD +、QUAD X、HEXA +、HEXA X、OCTO +、OCTO X。为了结构紧凑，还有些特殊布局，例如，QUAD H 是为了满足四旋翼无人机的 4 个螺旋桨轴中心点构成的四边形为长方形而产生的布局，Y6 及 OCTO QUAD 则是将六旋翼及八旋翼采用共轴返桨形式布局成三角 Y 形及 QUAD X 形。

表 1.1 所列为对应图 1.12 中实际飞行器产品的一些参数，包括螺旋桨数量、布局、质量、轴距等。由于相同尺寸结构下，选择 X 形布局能够获得更大的姿态响应速度，因此，为了结构紧凑，携带方便，前 5 款飞行器都选择了 X 形布局。为了满足飞行器任务须携带一定质量的需求，以大疆 S800 及大疆 M600 最大起飞质量与空载起飞质量数据对比为例，选择相同数量的六旋翼布局时，质量较大的飞行器其轴距也较大，螺旋桨的尺寸也较大。以大疆 M600 及大疆 MG-1 为例，使用相同尺寸的螺旋桨时，为了满足较大的起飞质量，就需要较多的电机数及较大的轴距。以大疆 MG-1 及极飞 P20V2 为例，为获得一定的负载能力，使用电机较少的飞行器则需要较大的螺旋桨及较长的轴距。亿航 184 采用 OCTO QUAD H 布局，一是为了满足结构紧凑的需求，二是为了方便人员登机；而采用 OCTO 布局则不利于人员登机且外形不美观。

表 1.1　图 1.12 中多旋翼无人机产品的一些参数

参数 \ 多旋翼无人机	大疆精灵 4	大疆 S800	大疆 M600	大疆 MG-1	极飞 P20V2	亿航 184
螺旋桨数量	4	6	6	8	4	8
布局	QUAD X	HEXA X	HEXA X	OCTO X	QUAD X	OCTO QUAD H
空载起飞质量/kg	1.38	6.0	9.1	12.5	12	200
最大起飞质量/kg	—	8.0	15.1	22.5	20	300
螺旋桨直径/in	9.4	15	21	21	33	590
轴距/mm	350	800	1 133	1 520	1 710	3 401

注：1 in=0.025 4 m。

1.4　多旋翼无人机系统的总体设计原则

多旋翼无人机系统的总体设计包括需求分析与方案设计两方面。首先，目标任务的需求决定了飞行器的应用时间、气象、场地背景等时空条件，同时这些时空条件将转换为对飞行器的两个主要约束条件：一是飞行器本身的特性约束，如飞行器的尺寸、飞行速度、航程、姿态角精度、软硬件抗干扰能力、防护等级等；二是任务载荷的约束，包括尺寸、任务识别与完成的能力、远程通信能力等。其次，这些约束条件将进一步转换为方案设计，包括结构、导航、控制、载荷、通信、地面维护、人机交互等子系统（子模块）的方案设计。这些子方案设计不是独立存在的，很多时候需要比较协调，在总预算约束下，进行多个子方案的多种组合、反馈迭代，然后设计出一个最优或是次优的方案。

图 1.14 所示为常规多旋翼无人机的系统结构示意图，主要包括无人机分系统、任务载荷分系统、链路设备分系统及地面站分系统。每个分系统又由相应的子系统构成。其中，无人机分系统由飞行器机体、动力子系统、导航飞控子系统及电气子系统组成。任务载荷分系统的构

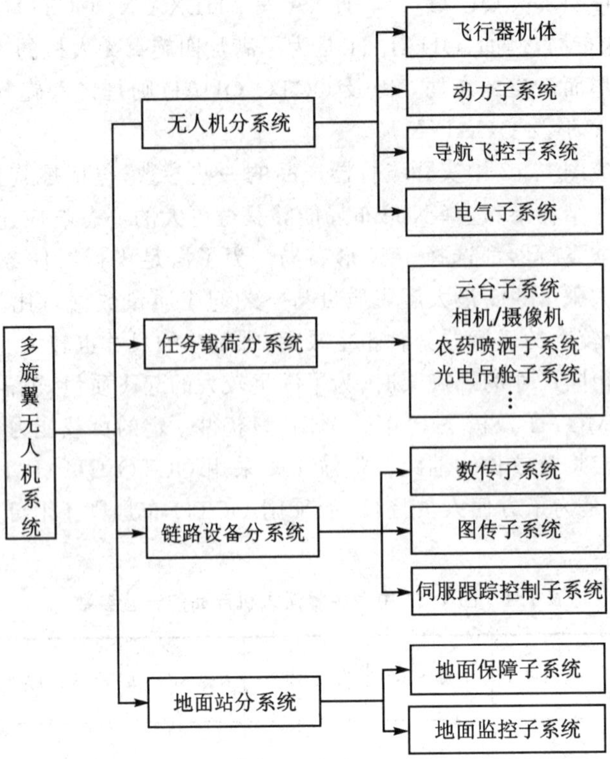

图 1.14 常规多旋翼无人机的系统结构示意图

成主要由任务决定，比如目标锁定跟踪任务一般由光电吊舱子系统实现；航拍任务载荷分系统主要由云台子系统及相机/摄像机构成，云台子系统一般由能够与导航飞控子系统进行通信的独立控制单元、伺服电机、姿态检测模块等构成，以期完成无人机驾驶员对地观测控制。图 1.15 所示为大疆禅思 Z15－5D Ⅲ 云台，其标配搭载佳能 5D 相机，在飞行器处于高速飞行状态时，能够精准地控制摄像设备保持稳定，角度精度最高可达±0.02°。

农药喷洒子系统则由药箱、监控单元、流量控制单元等构成。图 1.16 所示为配备农药喷洒子系统的四轴无人机。

图 1.15 大疆禅思 Z15－5D Ⅲ云台

图 1.16 配备农药喷洒子系统的四轴无人机

链路设备分系统主要由数传子系统、图传子系统、伺服跟踪控制子系统构成。其中，数传子系统主要实现无人机的数据与地面站的数据交互；图传子系统主要是实现任务载荷中航拍图像、光电吊舱等图像的传输；伺服跟踪控制子系统主要是配备雷达或是跟踪天线时会使用到的子系统。

地面站分系统主要由地面保障子系统和地面监控子系统组成。其中，地面保障子系统主要由电力供应、车厢式工作站等组成；地面监控子系统主要由装有监控软件的便携式或专用计算机组构成，主要实现电子地图、飞行器及机载设备状态、航迹跟踪、数据存储及数据回放、遥控遥测等功能。便携式地面站分系统如图1.17所示。

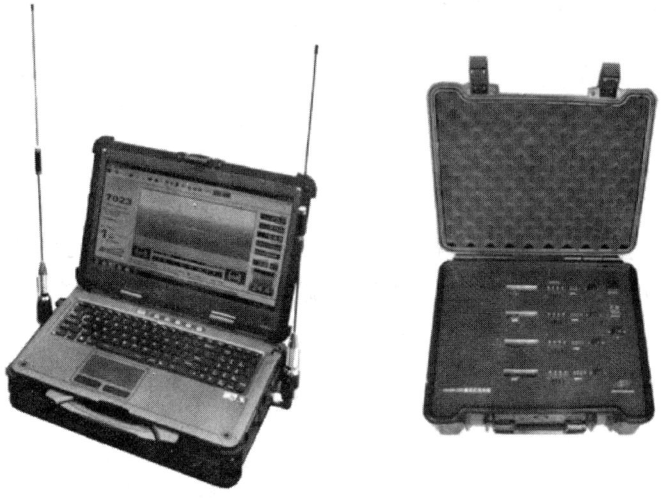

图1.17　便携式地面站分系统

基于上述分析，多旋翼无人机系统的设计步骤如下：

① 进行任务需求分析，将任务需求转换成无人机系统的性能指标；

② 将无人机系统的性能指标转换到飞行器分系统、任务载荷分系统、链路设备分系统及地面站分系统4个分系统及其子系统中；

③ 在总体预算范围内，根据性能指标约束条件进行无人机分系统、任务载荷分系统、链路设备分系统及地面站分系统及其子系统的多方案设计；

④ 进行分系统及其子系统的硬件、软件接口设计；

⑤ 进行分系统及其子系统的详细设计；

⑥ 进行分系统及其子系统的功能、性能测试；

⑦ 进行基于子系统的分系统功能、性能联合调试；

⑧ 进行基于分系统的整系统功能、性能联合调试；

⑨ 形成操作规范。

由上述内容可知，多旋翼无人机系统的设计应遵循如下原则：

① 顶层需求分析，生成指标；

② 系统分解，指标转换传递；

③ 各子系统多方案比较，预留接口；

④ 子系统详细设计；

⑤ 由小到大逐步调试，形成系统，形成规范。

1.5 实训一：多旋翼无人机参数对比调研分析

实训题目：

多旋翼无人机参数对比调研分析。

实训目的：

理解多旋翼无人机的概念，掌握常用多旋翼无人机的布局特点，感性上认识尺寸与质量的关系。

实训素材：

网上收集相关资料。

实训报告及要求：

① 按规范布局实训报告。

② 从网上收集5款以上多旋翼无人机的例子，按照表1.1的形式列举出其螺旋桨数、布局、空载起飞质量、最大起飞质量、螺旋桨直径、轴距等参数，并对飞行器的性能进行分析与评价。

思维训练

1. 简述飞行器的定义与分类。

2. 简述无人机的定义，并按照分类方式，从网上搜集相关类型的无人机进行分类并举例说明。

第2章　多旋翼无人机的机械结构

引言：在飞行器的设计过程中，机身结构作为载体，决定了飞行器的飞行性能。比如，飞行器机身的材料特性约束了带载能力；飞行器的尺寸与质量分布决定了负载的布局；飞行器的抗振能力决定了任务完成的精准度；飞行器系统的整体质量系统分布直接影响飞行控制系统的响应需求。因此，飞行器的机械结构设计是一个综合考虑的过程，但总的来说，需要满足一定的刚度、强度、抗振、结构紧凑的要求，这样才能使飞行器飞得好，任务完成得漂亮。本章将从多旋翼无人机的基本结构构型、机身材料特性、质量、重心、惯性矩等出发，引导读者从分系统来理解多旋翼无人机的机械结构。

2.1　无人机机身结构

图2.1所示为某六旋翼无人机的机架，主要由铝合金电机舱、碳纤维机臂、自驾仪舱、碳纤维电池舱、碳纤维起落架等组成。其中，碳纤维电池舱采用铝合金与碳纤维材料；碳纤维机臂采用圆形碳纤维管；自驾仪舱与预留设备舱主要由碳纤维板加铝合金支架构成；碳纤维机臂与铝合金电机舱通过铝合金连接件连接；碳纤维起落架主材料采用碳纤维管，与地面接触的减振垫采用高弹EVA海绵，碳管之间的连接采用铝合金。

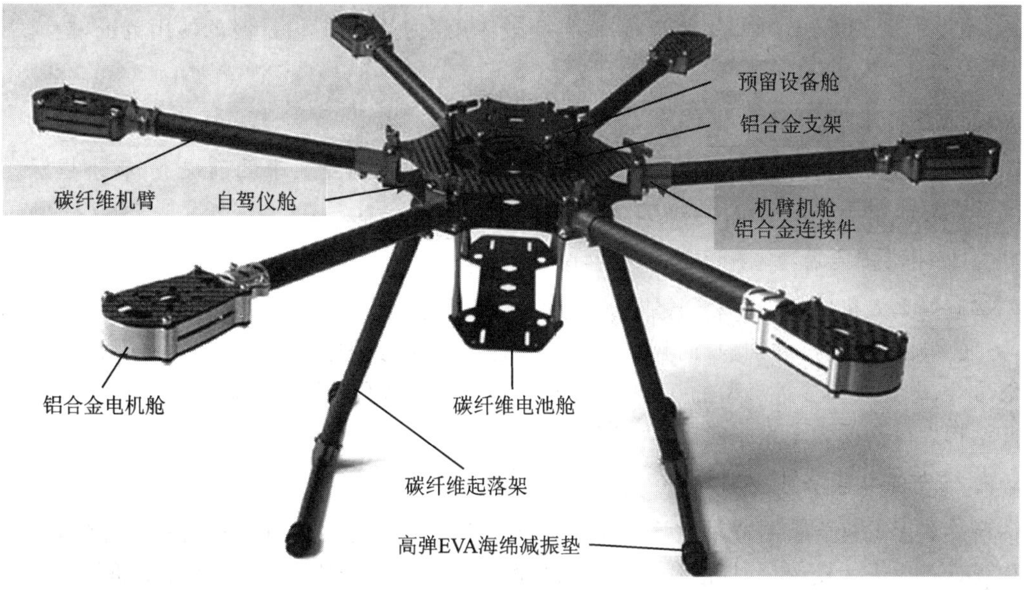

图2.1　某六旋翼无人机机架

从材料上看，此款六旋翼无人机主要采用了碳纤维、铝合金及高弹EVA海绵3种材料。

其中，主要的承重件采用碳纤维材料，连接件采用铝合金材料，减振采用高弹 EVA 海绵。

从结构布局看，6 个机臂对称分布，除了电机对称分布于四周外，由于碳纤维的比强度高，同等体积下的碳管质量要小于铝合金等材料，且设备舱集中于飞行器中心位置的上下，同时飞行器采用 X 形布局，因此整个结构紧凑。

那么，多旋翼无人机在结构设计中有什么要求呢？下面将介绍无人机结构的一般要求。

2.1.1 无人机结构的一般要求

无人机结构是飞行器各受力部件和支撑构件的总称，亦称为机体。无人机的有效载荷、控制系统和动力装置都是依靠飞行器的结构连接为一体的。对于多旋翼无人机，其机体包括机臂、机身、起落架等。由于飞行器各个部分的功用不同，结构上也各有各的特点，因此对每个部分的要求也不同。但总的来说，多旋翼无人机的结构设计应满足以下要求。

1. 空气动力要求

多旋翼无人机必须具有良好的空气动力外形、必要的准确度及表面质量。目前，大多数多旋翼无人机都采用锂离子或锂聚合物等固态充电电池工作，由于受限于电池容量，无人机的航程有限，因此无人机的结构设计不应过多地增加空气阻力，以免克服阻力做功过多。当飞行器机身引入机壳防护罩时，理论上需要进行外形的流体力学设计，以保证飞行器的机动特性不会受到过多的影响。图 2.2 所示为大疆 Inspire 四旋翼无人机，该四旋翼无人机结构紧凑，表面积较小，机身中间由一防护罩保护，具有一定的流线型及降阻功能。

2. 强度、刚度要求

要保证在足够的强度和刚度条件下，结构质量最小。强度是指无人机结构在承受外载荷时抵抗破坏的能力。刚度是指结构在外载荷作用下，抵抗变形的能力。强度不够，会引起结构破坏；刚度不足，不仅会产生过大变形，而且会破坏无人机控制律设计时的使用范围，造成飞行的危险。

3. 质量要求

无人机结构质量的总体要求是在保证飞行器的强度和刚度要求的前提下，越小越好。这样能够在总质量不变的前提下，增加航程，提高带载能力。

4. 使用维护要求

多旋翼无人机应便于安装、检查、维护和修理。部件设计应有利于备件的存储、运输和保管，方便多旋翼无人机的维护；而且结构设计过程中需要考虑电气走线的需求，因为无人机中有信号线、电源线等多种类型的线路，合理布线一是为了区分不同的电路，二是为了维护方便，因此结构设计需要为未来布线预留空间。

5. 工艺性和经济性要求

多旋翼无人机要求制造时性价比高。由于多旋翼无人机的动力分布具有对称性，在进行结构设计时应采用模块化、标准化设计。这样的设计既能降低成本，也利于保证质量。

图 2.3 所示为一体化设计的机臂，其集成了电机、螺旋桨、电子调速器（简称“电调”）、机臂等多单元。该机臂方便户外维护，同时，由于其采用模块化设计，有利于降低成本。

图 2.2　大疆 Inspire 四旋翼无人机

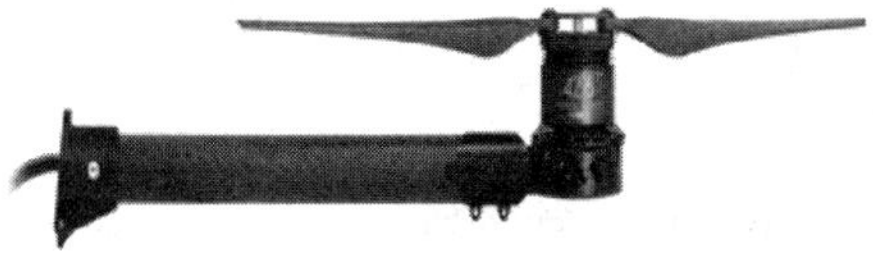

图 2.3　一体化机臂

2.1.2　无人机机身结构所采用的主要材料

如前所述，多旋翼无人机结构是为了将各个电机连接在一起，并承载各航电设备与任务载荷的。直观上看，结构轻巧、能够实现飞行的结构貌似很容易得到，但无人机的结构还必须具备足够的刚度，以提供很好的飞行特性，而这两个目标实际上却是相互矛盾的。一般情况下，当设计一个刚度较高的结构时，飞行器的质量会变得稍微大一些，此时就要进行材料的选择了。对于一个给定的形状（如圆管），不同材料的质量和刚度也是不同的。例如，同样的结构形状下，使用钢材料会具有足够的刚度，但质量很大；使用轻木材料则质量小，但几乎没有刚度。

无人机的机身结构还要考虑另一个因素——强度：一方面，无人机结构需要具备一定的强度以承载各航电设备及任务载荷；另一方面，也是更为重要的目的，是为了加大飞行器在发生失控坠机等突发事件时的生存能力，至少大部分配件或是核心部件能够继续使用。对于强度，这里有两种选择：一是无人机结构强度很高，不容易损坏；二是无人机的强度适中，若发生坠机事件则结构崩溃。实际上，第二种选择更为科学，因为无人机在撞击地面时，结构的损毁其实是一种能量的扩散，此时电机、航电设备、载荷等受到的冲击会减少，进而起到间接保护的作用。

目前，在航空领域使用的一些材料有铝合金、镁合金、合金钢、钛合金及复合材料（玻璃纤维增强塑料、碳纤维复合材料、聚碳酸酯、丙烯酸塑料）；航模领域使用的材料还包括轻木，这些材料在多旋翼无人机系统的设计过程中将会用到。

1. 铝合金

铝合金密度低（2.7 g/cm^3，约为钢的 1/3），但强度比较高，接近或超过优质钢，塑性好，可加工成各种型材，具有优良的导电性、导热性和抗蚀性，在飞行器上应用广泛。

2. 镁合金

镁合金是以镁为基础加入其他元素组成的合金。其特点是：密度低（1.8 g/cm^3 左右），比强度高，比弹性模量大，散热好，消振性好，承受冲击载荷的能力比铝合金大，耐有机物和碱的腐蚀性能好，但价格比铝合金贵。

3. 合金钢

高强度结构的合金钢具有较高的比强度且性能稳定、价格低廉，密度约为 7.8 g/cm^3。

4. 钛合金

钛合金是以钛为基础加入其他元素组成的合金。钛合金的密度一般在 4.51 g/cm^3 左右，仅为钢的 60%，但一些高强度钛合金的强度超过了许多合金结构钢的强度，因此钛合金的比强度远大于其他金属结构材料的比强度。其缺点是价格昂贵。

5. 玻璃纤维增强塑料

玻璃纤维增强塑料又称为玻璃钢，它是以玻璃纤维为增强体，树脂做基体的复合材料。其特点是：轻质高强，密度在 1.5～2.0 g/cm^3 之间，只有碳钢的 1/4～1/5，比强度可以与高级合金钢相比。

6. 碳纤维复合材料

碳纤维复合材料主要是碳纤维与树脂、金属、陶瓷等基体复合，从而制成结构材料。碳纤维增强环氧树脂复合材料的比强度、比模量综合指标，在现有结构材料中是最高的，其中，强度是钢铁的 5 倍以上，密度仅为钢的 1/5。在密度、刚度、质量、疲劳特性等有严格要求的领域，碳纤维复合材料都颇具优势。

7. 聚碳酸酯

聚碳酸酯（PC 材料）是分子链中含有碳酸酯基的高分子聚合物，具有较好的刚度和强度，如汽车的大灯灯罩所用的材料就是 PC 材料。

8. 丙烯酸塑料

丙烯酸塑料俗称有机玻璃，也称亚克力。它具有质硬、不易破碎、高度透明、耐火性好、易于染色和成型等特点，是一种应用广泛的透明塑料材料。这种材料的透光率＞92％，质量轻，密度为 1.19 g/cm^3。有机玻璃可热成型，加工成各种形状；也可进行切削钻孔、雕刻碾磨等机械加工，并能粘接。另外，有机玻璃具有一定的刚性，但其质地较脆。

为了比较上述几种常见材料的使用力学性能，这里引入材料力学的 4 个重要指标：

① 弹性模量：材料的刚性用弹性模量 E 表征，指的是材料在弹性变形阶段，其应力和应变成正比例关系（符合胡克定律），其比例系数被称为弹性模量。

② 机械强度：指材料受外力作用时，其单位面积上所能承受的最大负荷，这里指抗拉强度。

③ 比强度：比强度＝抗拉强度/密度。

④ 比刚度：比刚度＝弹性模量/密度。

表 2.1 所列为几种航空材料的特性比较，其中，碳纤维复合材料的比强度和比刚度最高，意味着在常温环境下，同等质量的结构件中，选择碳纤维复合材料最优，但碳纤维复合材料的价格也最高，另外加工难度也比较大。第二个选择是铝合金，它的比强度、比刚度两项指标排在第二位左右，价格合适，易加工，性价比次优。结合市面上的多旋翼无人机平台，小尺寸多旋翼无人机系统由于受限于电池容量，为了提升带载荷能力及续航能力，此类飞行器设计的一个出发点就是机身质量要小，携带任务载荷及电池的能力要强，尽管碳纤维复合材料价格较高，但还是会选择碳纤维管、碳纤维板作为其结构件。如大疆 M600 六旋翼航拍无人机、极飞科技的 P20V2 四旋翼农药无人机都选择了碳纤维复合材料，亿航 184 也是采用碳纤维复合材料和航空铝合金作为其主体材料。

总的来说，多旋翼无人机机身结构的质量决定了整个飞行器的基础质量，从而间接影响了飞行器的载重和飞行时间。随着材料制备的发展，轻质高强的材料是飞行器结构设计的首选。

表 2.1　几种航空材料的特性比较

项目＼材料	碳纤维复合材料	铝合金	镁合金	合金钢	钛合金	玻璃纤维增强塑料	聚碳酸酯	丙烯酸塑料
密度/$(g \cdot cm^{-3})$	1.38	2.7	1.8	7.8	4.51	1.5～2.0	1.2	1.19
弹性模量/GPa	64～150	70	45	206	110	20	2.32	2.35～29.42
抗拉强度/MPa	827.4～3 000	320	220	600	1 012	103～345	55～110	55～77
比强度/$(MPa \cdot kg^{-1} \cdot m^3)$	0.6～2.17	0.118	0.122	0.077	0.224	0.068～0.23	0.046～0.092	0.046～0.065
比刚度/$(MPa \cdot kg^{-1} \cdot m^3)$	46.4～108.7	26	25	26.4	24.4	10～13	1.9	2～24.7
价钱(越高越好)	1	7	6	7	1	6	9	9
加工(越大越优)	3	7	7	7	5	7	6	7

2.1.3　机臂结构与刚度

多旋翼无人机系统主要由机臂及设备舱构成，其动力来源于每个机臂上的电机。因此，飞行器在飞行过程中，对于每个机臂，可以忽略空气阻力及电机、螺旋桨旋转时产生的力矩，它的主要受力情况如图 2.4 所示。其中，$F_{升}$ 为单个螺旋桨旋转产生的升力，$G_{动力}$ 为电机螺旋桨电调组成的模块重力，$G_{机臂}$ 为单纯机臂重力。该机臂可以悬臂梁近似代替。本小节主要考虑机臂的弯曲状况，因为机臂受力弯曲变形时，机臂末端会翘曲，这种情况类似于跳水运动员站在跳板边缘时的跳板翘曲变形(见图 2.5)。假设此时的转角为 $\theta_{末端}$，那么此时产生的垂直向上的升力为 $F_{升}\cos\theta_{末端}$，当 $\theta_{末端}$ 较大时，产生的升力就与原先设想的有一定差距，产生的后果如下：

① 预先设计的控制律不能满足实际情况；

② 为实现飞行造成能量浪费，缩短航程；

③ 有可能产生额外的振动，造成导航数据的波动。

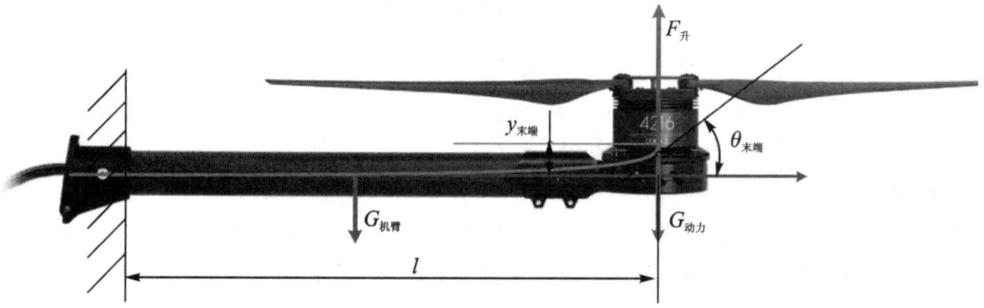

图 2.4　机臂等效悬臂梁模型

因此在设计机臂时，首先必须进行抗弯结构设计，以保证机臂的刚度。

根据材料力学，假设机臂杆件为均匀薄壁材料(实际上许多多旋翼无人机采用的都是圆形碳纤维管或是方形钢管)，忽略掉杆件自身重力，记单个螺旋桨转动产生的升力与电机螺旋桨

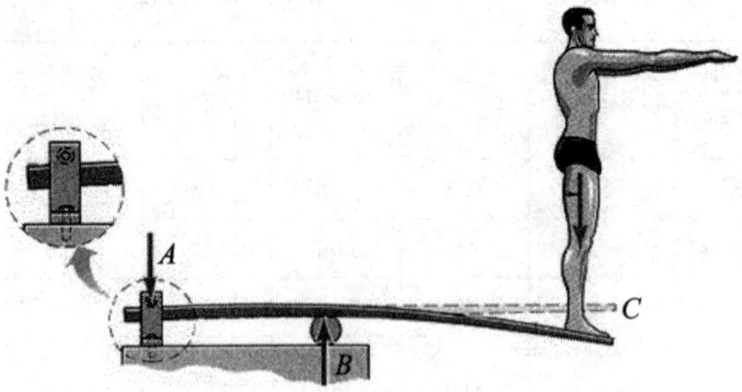

图 2.5　跳水运动员站在跳板边缘时跳板翘曲变形

电调组成的模块重力之差为 $F=F_{升}-G_{动力}$，机臂长度（定义为机臂与机舱连接处到电机转轴的距离）为 l，那么机臂末端的转角 $\theta_{末端}$ 及扰度 $y_{末端}$ 可表示为

$$\left.\begin{aligned}\theta_{末端}&=\frac{Fl^2}{2EI}\\ y_{末端}&=\frac{Fl^3}{3EI}\end{aligned}\right\}\tag{2.1}$$

式(2.1)为转角及扰度表达式，其中，E 为弹性模量（如前所述，不同材料的弹性模量也不同），I 为机臂横截面对中性轴的惯性矩。图 2.6 所示为结构件弯曲示意图，其中定义了纵向对称面 xy 平面、横截面对称轴、中性层 xz 平面、中性轴 z 轴。

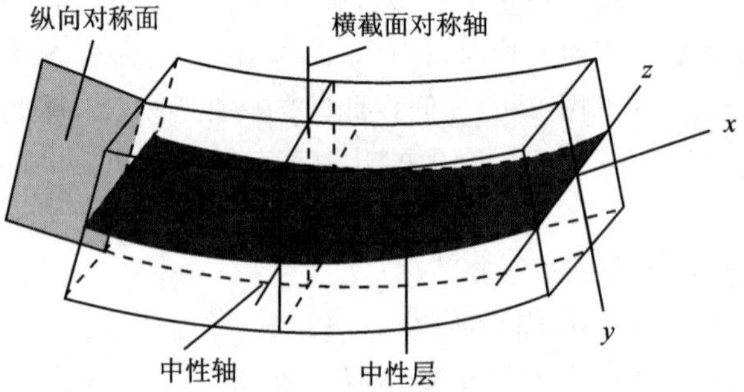

图 2.6　结构件弯曲示意图

由式(2.1)可知，机臂末端的转角 $\theta_{末端}$ 与所受合力 F 的大小及长度的平方成正比，与机臂杆件的弹性模量 E 及惯性矩 I 成反比。扰度 $y_{末端}$ 与所受合力 F 的大小及长度的三次方成正比，与机臂杆件的弹性模量 E 及惯性矩 I 成反比。其中，多旋翼无人机所需要的升力 $F_{升}$ 在设计时基本确定，也就是说，机臂末端所受合力 F 可以设为定值。那么，影响机臂末端转角 $\theta_{末端}$ 及扰度 $y_{末端}$ 的主要因素是机臂的材料及结构尺寸。其中，材料决定了弹性模量 E 的大小，结构尺寸中的截面决定了机臂横截面对中性轴的惯性矩 I 的大小。

图 2.7 所示为实心圆、空心圆、实心矩形、空心矩形 4 种典型截面。其中，实心圆的直径为 d；空心圆内圆直径为 d，外圆直径为 D；实心矩形的尺寸为 b(宽)×h(长)；空心矩形的内矩形尺寸为 b(宽)×h(长)，外矩形尺寸为 B(宽)×H(长)。这 4 种截面关于中性轴 z 轴的惯性矩分别记为 $I_{实心圆}$、$I_{空心圆}$、$I_{实心矩形}$ 和 $I_{空心矩形}$，则有

$$I_{实心圆}=\frac{\pi d^4}{64}\tag{2.2}$$

$$I_{空心圆}=\frac{\pi(D^4-d^4)}{64} \tag{2.3}$$

$$I_{实心矩形}=\frac{bh^3}{12} \tag{2.4}$$

$$I_{空心矩形}=\frac{BH^3}{12}-\frac{bh^3}{12} \tag{2.5}$$

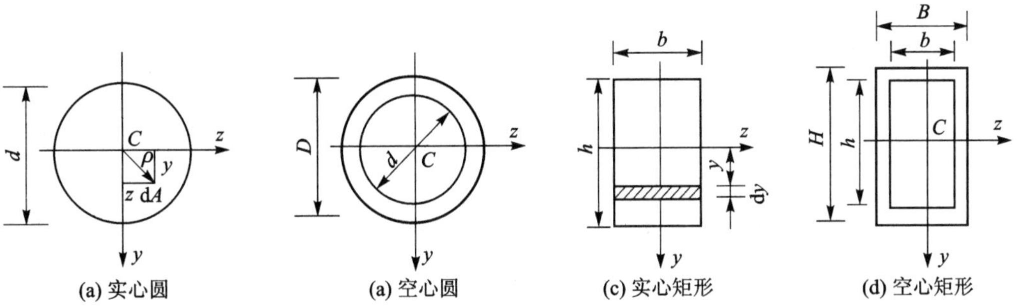

图 2.7　4 种典型截面尺寸示意图

为说明材料结构对转角产生的影响,以下举了两个例子进行说明。第一个例子的横向截面为实心圆,即机臂承力机构件采用实心杆件;第二个例子的横向截面取空心圆,即机臂承力机构件采用管型件。

例 2.1　假设 $F=20$ N,$l=0.5$ m,$E_1=70$ GPa,$E_2=140$ GPa,实心圆的直径 d 分别取 0.01 m、0.015 m、0.02 m、0.025 m、及 0.03 m,则机臂末端相应的转角 $\theta_{末端}$ 如表 2.2 所列。

表 2.2　不同弹性模量、直径下的机臂末端转角(截面为实心圆)

d/m		0.01	0.015	0.02	0.025	0.03
$\theta_{末端}$/(°)	$E_1=70$ GPa	8.337	1.647	0.521	0.213	0.103
	$E_2=140$ GPa	4.169	0.823	0.261	0.107	0.051
截面积 S/cm^2		0.785	1.767	3.142	4.909	7.069

表 2.2 所列为实心杆件受外部力作用时,不同弹性模量、直径下的机臂末端转角,可以发现,随着实心杆件截面直径的变大,机臂末端转角显著下降。另外,随着弹性模量的增加,即采用刚性大的材料,机臂末端转角会变小。

当 $E_1=70$ GPa,$d=0.03$ m 时,截面积 $S=7.069$ cm^2,$\theta_{末端}=0.103°$。

当 $E_2=140$ GPa,$d=0.025$ m 时,截面积 $S=4.909$ cm^2,$\theta_{末端}=0.107°$。

故在选用实心杆件作为机臂时,在满足一定的刚性要求(不超过最大的转角)下,选择弹性模量大的材料会使所使用的材料减少,进一步可以降低机架的质量。

机臂末端转角相对于直径的曲线(截面为实心圆)如图 2.8 所示。

例 2.2　假设 $F=20$ N,$l=0.5$ m,$E_1=70$ GPa,$E_2=140$ GPa,空心圆外圆直径 D 取为 0.03 m,内圆直径 d 分别取 0.005 m、0.01 m、0.015 m、0.02 m、0.025 m、0.027 m 及 0.028 m,则机臂末端相应的转角如表 2.3 所列。

表 2.3 所列为空心杆件受外部力作用时,不同弹性模量、内圆直径下的机臂末端转角,可以发现,在一定的外圆直径下,具备一定的壁厚,空心机臂的刚性不会下降很多。对比表 2.2

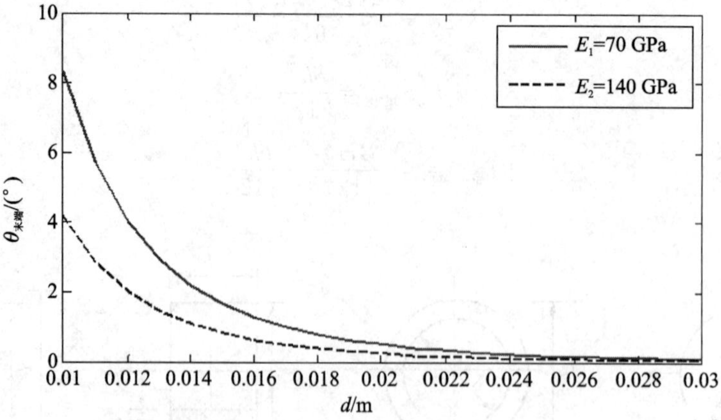

图 2.8 机臂末端转角相对于直径的曲线(截面为实心圆)

和表 2.3 可以发现,使用同样的材料,弹性模量都为 70 GPa 时,

① 取实心机臂的截面直径为 0.025 m,此时截面积 $S=4.909\ cm^2$,机臂末端转角 $\theta_{末端}=0.213°$;

② 取空心机臂的内圆直径为 0.025 m,此时截面积 $S=2.160\ cm^2$,机臂末端转角 $\theta_{末端}=0.199°$。

通过对比可以发现,薄壁空心机臂更具优势——材料更省(同样长度下,截面积小的用料少),刚性不减,甚至更优(0.199°<0.213°)。

表 2.3 不同弹性模量、内圆直径下的机臂末端转角(截面为空心圆)

d/m		0.005	0.01	0.015	0.02	0.025	0.027	0.028
$\theta_{末端}$/(°)	E_1=70 GPa	0.103	0.104	0.110	0.128	0.199	0.299	0.427
	E_2=140 GPa	0.052	0.052	0.054 9	0.064	0.099	0.150	0.213
截面积 S/cm^2		6.872	6.283	5.301	3.927	2.160	1.343	0.911

机臂末端转角相对于内圆直径的曲线(截面为空心圆)如图 2.9 所示。

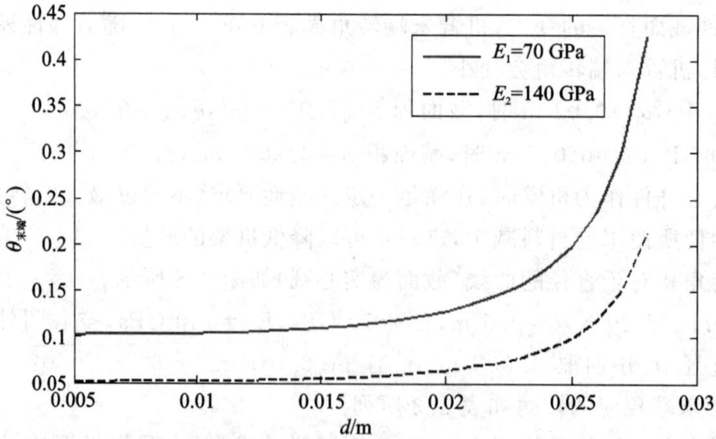

图 2.9 机臂末端转角相对于内圆直径的曲线(截面为空心圆)

由以上两个例子可以发现，在尽可能减小机身质量的前提下，可以从两方面出发提高多旋翼无人机系统的机臂的刚性：

① 选择刚性（弹性模量）较高的材料，这样的材料做成的机臂不易变形；

② 采用合理的截面形状以增加惯性矩；

③ 选择薄壁结构件，既能减少用料，又能保证刚性。

2.1.4　实训二：机臂的材料与尺寸选择

实训题目：

机臂的材料与尺寸选择。

实训目的：

理解机臂刚度的概念，掌握材料与尺寸对机臂抵抗变形的意义，学会选择材料与尺寸设计，逆向求解材料的弹性模量。

实训素材：

悬臂支架、一批不同规格的碳纤维杆件、倾角检测传感器一套、标准砝码若干个（含砝码座）、杆件夹具一套、数码显示板一块。

实训原理：

参见 2.1.3 小节中的相关内容。

实训步骤：

① 实验前调试测试平台；

② 将碳纤维管按长度、实心与否分类；

③ 取一根分好类的碳纤维管，一端装于悬臂支架连接的部件，在管件待测端安装传感器；

④ 将步骤③中的碳纤维管固定在悬臂支架上；

⑤ 在碳纤维管末端加载 300 g 的标准砝码，静止后记录此时倾角检测传感器测得的杆件末端转角数据；

⑥ 在碳纤维管末端依次增加标准砝码，并记录倾角检测传感器稳定测量时得到的杆件末端转角数据；

⑦ 更换不同杆件，重复步骤③～⑥；

⑧ 整理记录的实验数据。

实训报告及要求：

① 按规范布局实训报告；

② 数据处理需要有表格、图形，其中计算材料的弹性模量采用最小二乘法拟合，另须附上 MATLAB 处理程序。

实训素材介绍：

（1）不同规格的碳纤维杆件

不同规格的碳纤维杆件如表 2.4 所列。

表 2.4　碳纤维杆件规格

参数 \ 杆件	碳纤管				碳纤棒				铝管(6061)			
直径/mm	10	10	14	14	10	10	14	14	10	10	14	14
长度/m	400	600	400	600	400	600	400	600	400	600	400	600

（2）测试台

多旋翼无人机机臂测试平台可精确地测出不同材料机臂的弯曲强度，在设计机臂时以保证机臂的刚度，加强理解机臂刚度的概念，更好地掌握材料与尺寸对机臂抵抗变形的意义，从而学会逆向计算材料的弹性模量及如何选择材料和尺寸设计。图 2.10 所示为机臂强度测试平台示意图，主要包含 13 个部件，如表 2.5 所列。该测试平台能够测量直径为 10～14 mm，长度为 400～600 m 的圆管形、棒形部件。

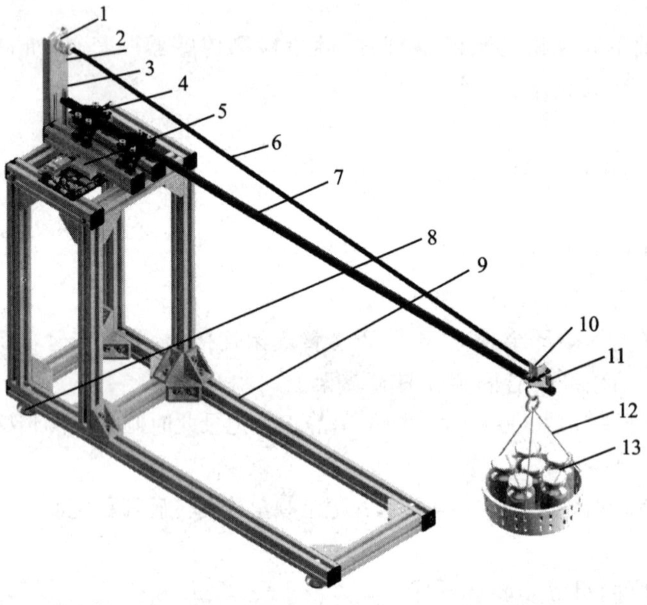

图 2.10　机臂强度测试平台示意图

表 2.5　机臂材料强度测试平台主要构成部件

序　号	名　称	序　号	名　称
1	尼龙锁紧螺母 PG7	8	可调垫脚 M6×20×30
2	线支架	9	平台框架
3	限位螺钉 M5×80	10	姿态传感器
4	K186 低级管夹	11	滚花小头螺钉 M3×6
5	数码显示板	12	砝码座
6	传感器线缆	13	砝码 300 g
7	检测器材	—	—

操作说明：

① 测前调试：首先检测测试平台是否平稳，若出现倾斜不稳现象，则可以通过调节 4 个脚垫使其处于平稳状态。接着用适配器给测试平台通电（见图 2.11），连接传感器，把开关拨到左侧开启电源，观察数码管显示的数据，若显示的数据是“EEEE”，则线路有问题或者传感器有问题，把开关拨到右侧关闭电源，检测线路和传感器；若刚开始显示的是正常数据（－90.0～90.0），则先等待 10 s，这时传感器会进行自检矫正，数码管上面的数据会出现快速的变动，10 s 后矫正完成，数码管显示在－0.01～0.01 之间。

② 装夹机臂：以碳纤管外圆直径 10 mm×长 400 mm 的机臂为例，装夹器材时一定要让器材上的挂钩垂直向下，如果反装，则会无法挂载砝码座；同时，器材要穿过 K186 低级管夹的夹具夹槽以使器材的 U 形定位卡槽嵌入到限位螺钉中；最终用内六角扳手均匀受力旋拧 8 个 K186 低级管夹锁紧限位螺钉，以使器材牢固地压在管夹槽中，如图 2.12 所示。

图 2.11　连接电源及数据线

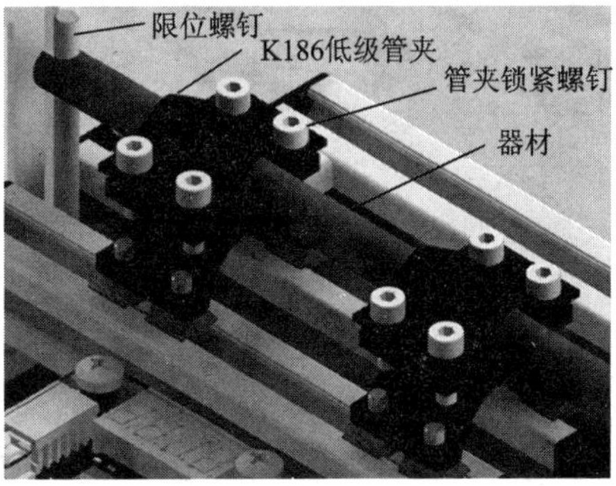

图 2.12　机臂夹装

③ 安装传感器：将传感器线路连接后装入机臂，并通过旋拧机臂上的滚花小头螺钉来紧固传感器，同时调整尼龙锁紧螺母来释放导线长度以便适应不同长度的机臂，如图 2.13 所示。

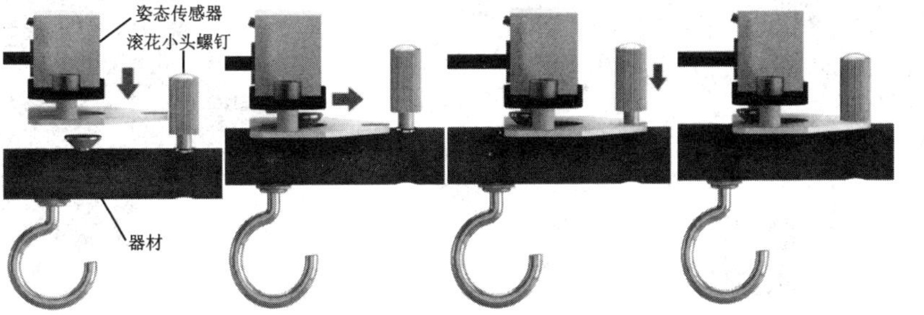

图 2.13　传感器安装

④ 校准传感器：把砝码座悬挂到机臂的挂钩上（不要加载砝码），然后开启电源，等待 10 s 以达到清零。若出现数字浮动，则可以按一下数码显示板中的校准按钮，也是等待 10 s 左右，以便达到稳定的清零状态。

⑤ 加载负载并记录：依次往砝码座中加载砝码 300 g，同时依次记录数据。每一次加载都要稳，待数据稳定后方可记录数据，按照需求加砝码数量，如图 2.10 所示。

注意事项：

在使用测试平台进行测试的过程中，要严格按照操作步骤进行，以防止错误操作造成人身伤害。另外，平台不支持热插拔传感器，在插拔传感器前请关闭电源。

2.1.5 机舱及起落架的结构

1. 机舱结构

初学者在进行多旋翼无人机结构设计时，首先应选择简单的结构，一方面是由于多旋翼无人机本身具有动力对称分布特性，另一方面也符合一般的设计规律——由简入繁。目前，市面上多数的多旋翼无人机的机臂设计都是采用模块化概念进行设计的，即多旋翼无人机的各个机臂都是一样的（当然也有不一样的，如极飞 P20 农药机的 4 根机臂就不一样，这种情况需另外分析），除此之外，主要还有固定航电设备、电池及任务载荷的机舱和起落架几大部分。

关于机舱结构，主要采用分层结构，以利于设备、载荷的安装。图 2.14 所示为某六旋翼无人机机舱结构，整个结构采用 4 块形状对称的碳板通过铝合金柱（见图 2.14 中的⑤）、连接件（见图 2.14 中的④）构成空间结构，其从上到下包含 5 层空间。其中，最上方可以安装 GPS 天线、电台天线等；图 2.14 中的空间①为预留舱位，主要用于安放接收机、电台等航电设备；图 2.14 中的空间②主要用于安装自驾仪等设备；图 2.14 中的空间③主要用于安装电池；最下方可挂靠圆台等设备。

图 2.15 所示为 450 型四旋翼无人机机舱结构，采用两块形状对称的 PCB 板经由机臂端形成空间结构，图中所示方位④为机臂与机舱的螺丝连接。机舱结构从上到下包含 3 层空间（见图 2.15），其中，最上方空间①可以安装 GPS 天线、电台天线、接收机、电台自驾仪等设备；空间②主要是用于电气线路走线；最下方空间③可挂靠电池、小云台等设备。

图 2.14 某六旋翼无人机机舱结构

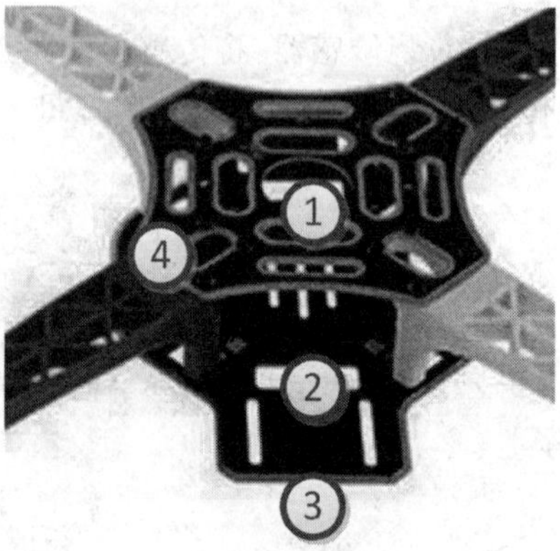

图 2.15 450 型四旋翼无人机机舱结构

上述两种机舱结构既有相似之处，亦有差别，分别如下：

相同之处在于：

① 都是依据气动对称布局采用对称钣金结构，空间隔离都是由钣金结构＋支柱组成的；

② 与机臂的连接处都有凸出外沿，以增强根部的强度。

不同之处在于：

① 两者材料的选择不同：一个使用碳板，另一个使用 PCB 板，取决于价格，但这两种板件

材料都具有一定的强度；

② 空间的层次数目不同，这取决于飞行器的任务载荷；

③ 与机臂的连接件不同，六旋翼无人机采用专门的铝合金装配件，一是用于固联机臂，二是起到支撑机舱的作用；450 型四旋翼无人机则是用塑料机臂一端直接作为机舱的支撑。两者相应的根部强度会有所区别，以适应不同的飞行要求。

上述两种机舱在保护航电设备时都有一个不足之处，即没有采用防护罩对机上设备进行保护。类似于汽车外壳，未来在飞行器的航程提高后，为了实现飞行器每天的高效工作，有必要为多旋翼无人机进行防护罩设计，使其成为机舱的一部分。图 2.16 所示为某四旋翼无人机的外壳，它与机身通过螺丝、锁扣等连接为一体。防护罩一方面起到保护设备的作用，另一方面起到美观的作用。图 2.17 所示的亿航 184 八旋翼无人机的驾驶舱外壳就有此作用。

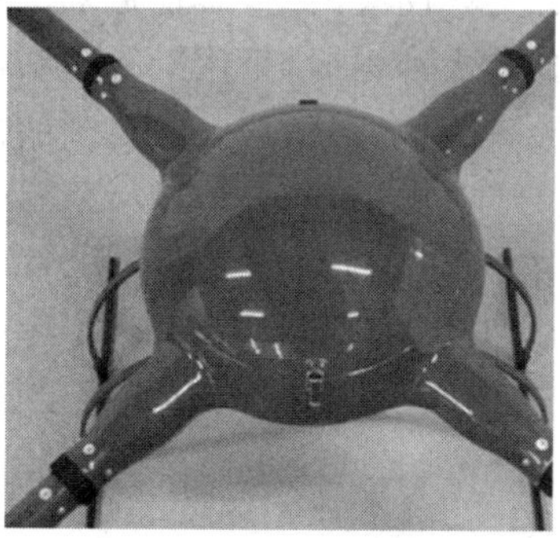

图 2.16　某四旋翼无人机外壳

图 2.17　亿航 184 八旋翼无人机的外观设计

多旋翼无人机机舱结构设计的原则：

① 按设备进行空间模块化设计；

② 注重设备间接口的预留；

③ 尽量使设备与机舱的装配体的重心位于多旋翼气动布局的中心轴线附近；

④ 尽量使设备与机舱的装配体具有几何对称性，与机身的纵向剖面重合；

⑤ 进行利于减少空气阻力的流线型防护罩设计，以起到保护设备及美观的作用。

2. 起落架结构

飞行器起落架的设计是为了实现飞行器能够在地面起飞、着落及停放，同时吸收着陆时的撞击动能，以起到缓冲的目的。相较于常规飞行器，一般情况下多旋翼无人机降落速度较为缓慢，起落架下降时主要是起到支撑机身的作用。起落架的另一个作用是承载任务模块，如云台相机、喷药模块等。

图 2.18 所示为 3 款不同类型的小型多旋翼无人机起落架，第一款和第三款采用 H 形结构，第二款采用 T 形结构。这 3 款起落架的底部都采用了高弹力聚氨酯海绵，能够保证飞行器在触地过程中吸收一定的冲击能量。

第一款起落架的特点是起落架支臂采用弧形结构，具有较好的弹性，飞行器在降落时，重力缓冲除了靠高弹力聚氨酯海绵吸收外，该弧形结构亦能像弹簧一样实现缓冲冲击，释放冲击能量，起到保护机上设备的作用。在释放冲击的过程中，4 个支臂平均分摊冲击力。另外，第一款起落架能够搭载云台相机等设备。

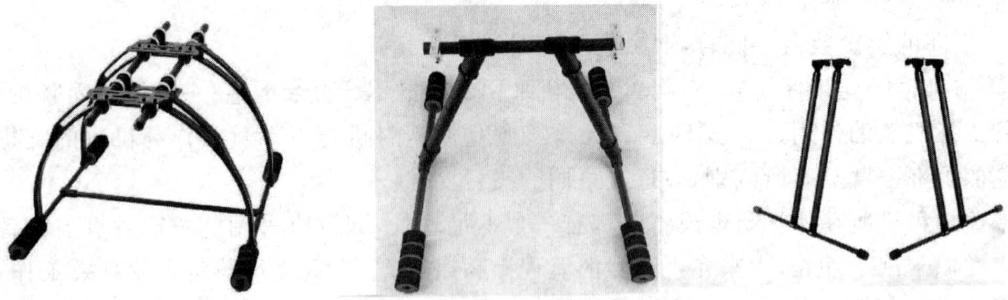

(a) 第一款　　(b) 第二款　　(c) 第三款

图 2.18　起落架结构

第二款起落架采用 T 形结构。与第一款不同的是，它的支臂仅有两个，而且是采用直杆件结构，所以支臂起到的缓冲降落冲击作用大大减小，在受到较大冲击时，采用第一款结构能够获得更好的缓冲效果。另外，同等降落过程中，由于支臂数量少，T 形结构支臂受到的冲击力大。

第三款起落架也是采用 H 形结构，拥有 4 个支臂，但起落架的支臂是直杆件结构，同等降落过程中，相较于第一款起落架，其每个支臂受到的冲击较大，但比 T 形结构的起落架支臂受到的冲击小。另外，与 T 形起落架相比，它能够承受更大的重量。

多旋翼无人机起落架未来结构设计的趋势是：

① 选择质轻高强材料；

② 模块化设计；

③ 可收缩，不会阻碍光学设备的视角；

④ 可拓展，利于安装不同的载荷设备，例如，同一套起落架能够挂载云台、喷药子系统等不同载荷。

2.2　飞行器机身减振

在航天英雄杨利伟的著作《天地九重》一书中回忆了他在太空飞行中的惊险瞬间——“在火箭上升到三四十公里的高度时，火箭和飞船开始急剧抖动，产生了共振。这让我感到非常痛苦。”

“人体对 10 赫兹以下的低频振动非常敏感，它会让人的内脏产生共振。而这时不单单是低频振动的问题，是这个新的振动叠加在大约 6 g 的一个负荷上。这种叠加太可怕了，我们从来没有进行过这种训练。我担心的意外还是发生了。”

“共振是以曲线形式变化的，痛苦的感觉越来越强烈，五脏六腑似乎都要碎了，我几乎难以承受，心里就觉得自己快不行了。当时，我的脑子非常清醒，以为飞船起飞时就是这样的。其实，起飞阶段发生的共振并非正常现象。”

“共振持续 26 秒后慢慢减轻。当从那种难受的状态解脱出来之后，我感觉到从没有过的轻松和舒服，如同一次重生。但在痛苦的极点，就在刚才短短的一刹那，我真的以为自己要牺牲了。”

“飞行回来后我详细描述了这个难受的过程。我们的工作人员研究认为，飞船的共振主要来自火箭的振动。之后我们的工作人员改进了技术工艺，解决了这个问题。在神舟六号飞行时，这种情况得到了很好的改善；在'神七'飞行中再没有出现过这种情况。”

“在空中度过那难以承受的 26 秒时，地面的工作人员也陷入了空前的紧张。”

杨利伟的《天地九重》一书告诉我们在飞行器设计过程中需要注意这样一个问题：结构振动。想象下当时的发射场景——在发射前，火箭与飞船静静地在发射台等待着，科研人员都对我国首次载人航天发射任务怀着激动、紧张的心情，同时也承受着巨大的压力，但当时肯定不会想到杨利伟后来所遭遇的艰险历程，因为先前的经验及发射任务都没有出现过杨利伟所遭遇的状况。如果说此次依然是无人发射，将杨利伟的所在位置替换成某个仪器设备，那么该仪器设备在此种低频振动情况下是否能够正常工作呢？

带着这个问题，回归多旋翼无人机的结构设计。我们知道，当多旋翼无人机静止停在地面上时，人们感觉不到其振动，但是当飞行器处于飞行阶段时，就会出现许多不可预想的情况。撇开航电设备可能出现的问题，飞行器结构设计或安装时出现的失误就是造成多旋翼无人机“炸机”的一个重要原因，而结构设计及安装的考虑不周则会产生另一个重要的现象——振动。当振动幅度足够大时，会引起三方面的反应：

① 无人机刚体运动的假设失效，基于动力学模型或是经验设计的控制方法失效，飞行器不受控制；

② 无人机航电设备，特别是导航设备上的加速度传感器对振动十分敏感，当其受到振动影响时，将不能测量出体现飞行器准确状态的姿态角、姿态角速率、速度及位置等信息，不能为飞行控制提供有效的导航数据，进而导致生成的控制律失效；

③ 严重的后果是飞行器的某些结构件脱落（如某些结构件安装不紧，振动引起螺栓脱落）或机架空中解体（极端情况）。

那么飞行器怎么会振动呢？从表象上看，静止的飞行器与飞行中的飞行器的区别在于发动机是否运行。转动的发动机是振动产生的能量来源。当发动机转动时，发动机本身结构的非对称性误差、飞行器动力源安装的误差以及螺旋桨的非一致性将产生振动源。发动机产生的振动将沿着机身结构传递到飞行器的各个连接部分，进而影响各部件的状态。当某些结构的刚性不足时，将产生弹性振动；当结构固有频率与振动频率一致时，将产生共振。

2.2.1　多旋翼无人机的振动源

多旋翼无人机的机体振动主要来源于机构变形、电机和螺旋桨不对称。

1. 机　构

多旋翼无人机动力结构布局的特点决定了飞行器机构变形的主要来源可能有两部分：一是机臂，二是机舱。其中，机臂的细长杆结构如果刚度不够，则十分容易产生沿机臂长度方向的弹性形变，进而在电机的驱动下产生弹性振动（近似为多条不同频率的正弦曲线的叠加），这样会造成 3 种直接危害：

① 机臂末端的转角（见图 2.4）呈现变化趋势，电机产生的升力在空间中的方向发生变化，不集中，不足以克服重力；

② 这种振动会传递到机舱，对航电、载荷等设备造成振动冲击影响；

③ 对机臂根部连接处产生疲劳损伤作用，影响连接的可靠性。

因此，在进行机臂结构设计时应选择较高刚度的材料（如碳纤维或是铝合金），同时应具有足够的抗扭特性和抗弯特性。另外,各部件的安装连接必须是安全可靠的(如螺旋桨的紧固、电机与机臂的安装连接、机臂与机舱的连接、航电设备在机舱中的安装、机舱与云台的连接,如图 2.19 中的圆圈所示),否则一环连接不可靠,此处便是薄弱环节,当微小的动力振动传动到此处时将被放大。另外,当在机臂与机舱的连接处采用螺栓螺母紧固时,在螺母与结构件接触时最好使用弹簧垫片以起到一定的减振缓冲作用。

图 2.19　飞行器部件关键连接处

2. 电　机

多旋翼无人机要求各个机臂上的电机能够平滑稳定运行。为达到这个要求,各个电机必须满足结构及动力源的一致性:

① 电机的规格型号必须一致,并且电机的定子、转子需满足工艺对称性;

② 电机轴上安装的螺旋桨、紧固螺栓等负载关于转轴的质量分布在旋转平面内必须对称,而且电机轴承、螺旋桨中心必须与电机轴共轴,否则将会由于载荷分布不均而引起偏心力(转子在旋转时,其上每个微小质点产生的离心惯性力不能相互抵消),进而产生振动;另外,电机的绕组绝缘下降,进而影响电机的性能。

图 2.20 所示是手机振动原理,这与多旋翼无人机电机的防振需求刚好相反,但可以解释偏心力的危害。手机振动器是由微型电机加凸轮(不是同心圆)构成的,由手机电池供电,当有电流输入时,电机启动,凸轮旋转。由于凸轮的重心并不在电机的转轴上,因此转动时会产生离心力,进而就感觉到手里的手机振动了。

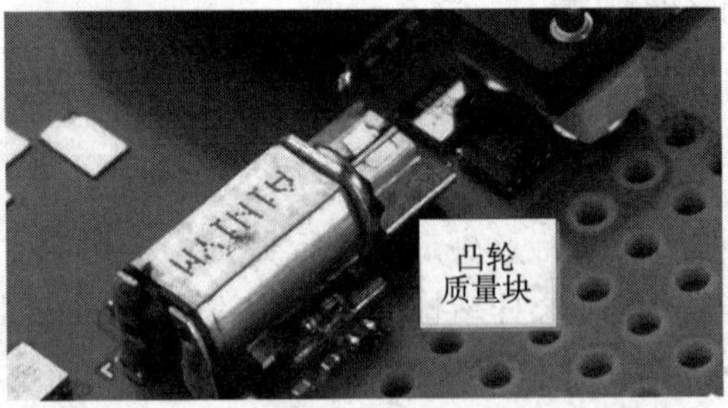

图 2.20　手机振动原理

上述电机的一致性其实涉及的是电机的两个平衡——静平衡与动平衡,其相关知识可查阅专业资料自行学习。但总的一个原则是:电机选型时需要考虑其静平衡精度,尽可能在购买环节就将非平衡因素去掉;另外,安装支座的刚性要足,加工精度要够。

3. 螺旋桨

螺旋桨的作用是，其高速转动产生空气动力进而克服飞行器的重力，使飞行器得以升空飞行。因此，螺旋桨的表面受到两方面力的作用：一是垂直于螺旋桨平面的空气动力；二是高速转动的螺旋桨与空气摩擦时产生的阻力。

图2.21所示为三叶螺旋桨的结构。对于第一个用于产生升力的空气动力，需要螺旋桨具有足够的刚度，保证桨叶不变形，根部不会受到损坏。对于第二个阻力，由于螺旋桨的桨叶叶尖比较薄，当螺旋桨与空气动力摩擦时，如果刚度不够，那么叶尖处会产生颤振。另外，螺旋桨每片桨叶的外形必须保证一致，否则当螺旋桨高速转动时，每个桨叶将受到不同的力，受力不均也会产生颤振这种振动现象。颤振是有害的，不仅会损坏螺旋桨，而且还会损坏电机轴，并会将振动传递到无人机的每个部件中，包括导航设备。

另外，螺旋桨每片桨叶的质量也必须相同，否则当螺旋桨转动时，每片桨叶将会对转动电机造成不一致的负载，进而产生离心力。

所以，对于多旋翼无人机，它的螺旋桨除了满足高强度、高刚度的基本要求外，还要满足如下一致性要求：

① 螺旋桨的尺寸、形状、质量要一致；

② 螺旋桨每片桨叶的分布要一致；

③ 螺旋桨的中心轴与电机的中心轴要一致。

另外，螺旋桨的相关参数应匹配机架型号和机体质量，并且在顺时针旋转和逆时针旋转时具有相同的韧性。需要注意的是，低速大螺旋桨相比于高速小螺旋桨效率更高，但是振动也更大。电机模块在不平衡升力的情况下绕螺旋桨轴会产生扭转，所以低速大螺旋桨会使飞行器的机架韧性更差。因此，螺旋桨除了保证自身的一致性外，在进行选型设计时还要考虑整体协调性。

目前，螺旋桨的静平衡可以采用如图2.22所示的平衡仪进行测试，并对不平衡处进行适当的补偿：一种方法是在较轻的叶片某处粘贴薄胶带，粘胶带的地方需要慢慢找直至平衡；另一种方法是对另一片叶片某处进行打磨，但这会引起气动的变化，建议少用。

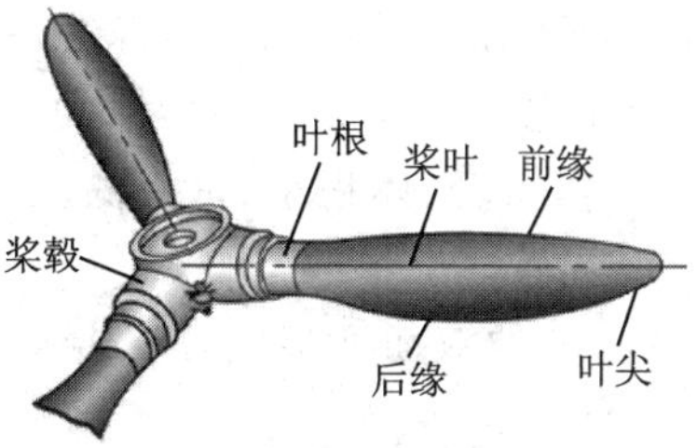

图2.21　三叶螺旋桨的结构

图2.22　螺旋桨静平衡仪

以上内容介绍了多旋翼无人机产生振动的原因，其主要目的是希望在结构设计过程中尽可能采用轻质高强的材料；另外，在装配及选型时要保持一致性，必须满足对称结构。尽管如此，由于加工工艺的限制，当无人机飞行时，飞行器的振动是不可能完全消除的，但有一个限度,即是实际工程中要求多旋翼无人机的所有轴振动强度在±0.1 g 之内,尽可能消除振动对传感器的影响。

2.2.2 自驾仪的减振措施

由于自驾仪中集成了加速度计传感器以测量加速度信息,并用于速度、位置、姿态等信息的融合计算,所以加速度计传感器测量信息的准确性十分重要。然而加速度计传感器对飞行器的振动十分敏感,如果测量的加速度信息包含太多的振动噪声,那么在计算速度、位置、姿态信息过程中将会出现错误,进而导致基于导航信息计算得到的控制律与理想值有差距,未能控制好多旋翼无人机,可能会造成严重后果。因此,需要进行减振设计。

在前述内容中,我们知道多旋翼无人机的振动来源于电机的旋转运动耦合上的结构特性,进而产生不可避免的机械振动。实际上,这些非必要的频率在数学描述上可以表示为一系列不同频率的正弦波的叠加,而且这些频率中的大部分都是电机转速的倍数。也就是说,在飞行器机架刚性很足的情况下,电机转动越快,振动的频率就越高。而多旋翼无人机实际飞行的动作比较平缓,所以反应飞行器机动的真实数据的频率属于低频范畴。因此,多旋翼无人机减振的目的在于减少中高频振动——将中高频振动的幅度减少到不会影响实际飞行数据的程度。

目前,主要有两种方式进行自驾仪的减振:一是物理隔离减振,即在自驾仪与机架之间采用隔离安装方式,通过中间环节将中高频振动吸收或降幅;二是将采集的传感器数据采用模拟或数字滤波的方式进行预处理。

1. 物理隔离减振

图 2.23 所示为机械工业上常用的减振器,归纳起来共有两大类型:一是弹簧减振器,二是橡胶减振器。其中,弹簧减振器主要是利用弹簧吸收振动和冲击的能量,同时利用液压或空气把这些能量通过液体分子或空气分子的内摩擦形成对振动的阻尼力,使振动能量转换为热能,被液体(空气)及减振器的壳体所吸收,即动能转化为热能;橡胶减振的工作原理是利用高分子材料在外载作用下产生原子间距离变化的普弹变形和大分子链段运动的高弹变形,从而把振动机械能转变成热能耗散,达到减振和缓冲的目的。

橡胶减振器与弹簧减振器相比具有如下优点:

- 橡胶减振器的适用频率范围宽,而弹簧减振器的低频隔振性能好,高频时钢丝会传递振动。
- 橡胶减振垫的橡胶内部阻尼比金属大得多,高频振动隔离性能好,隔音效果也很好,阻尼比为 0.05～0.23。由于橡胶成型容易,与金属也可牢固地粘接,因此可以设计制造出各种形状的减振器。另外,橡胶减振器还具有质量轻、体积小、价格低、使用范围广、安装方便、更换容易等优点。

图 2.24 所示为自驾仪常用的物理隔离减振材料:3M 的双面泡棉胶、PU 凝胶、圆柱形橡胶垫及球形橡胶垫。

图 2.25 所示为 5 种常见的自驾仪减振安装方式及减振支架类型,其中圆圈所示为采用不同的减振垫进行隔振连接。这 5 种连接方式都在减振实践中得到了验证,其中,凝胶垫+泡棉胶胶接方式最为简单。但有一个地方需要注意,由于泡棉胶受到压力时容易变形,因此在剪切成块状与凝胶垫组合为一体时,要尽可能维持形状的一致性。为了保证安全,还需用扎带将自驾仪与机架进行捆绑。需要注意的是,由于不同介质物质的共振频率不一样,因此采用两种不

(a) ZTG型吊式弹簧减振器 (b) ZTS型吊式弹簧减振器 (c) ZTV型吊架弹簧减振器 (d) ZTS-M型弹簧减振器 (e) ZDY型悬吊减振器 (f) JNQ型橡胶减振器

(g) JNH型橡胶减振器 (h) JNHQ型橡胶减振器 (i) JNE型橡胶减振器 (j) JNCC型橡胶减振器 (k) JNDD型橡胶减振器 (l) JNDE型橡胶减振器

(m) JSD型橡胶减振器 (n) MR型橡胶减振器 (o) BE型橡胶减振器 (p) JG型橡胶减振器 (q) JN型橡胶减振器 (r) RM型橡胶减振器

(s) JM型橡胶减振器 (t) O型橡胶减振器 (u) SD型橡胶减振垫 (v) JDF型橡胶减振垫 (w) GDT型管道弹性托架减振器 (x) XT型管道吊式减振托架

图 2.23　不同类型的减振器

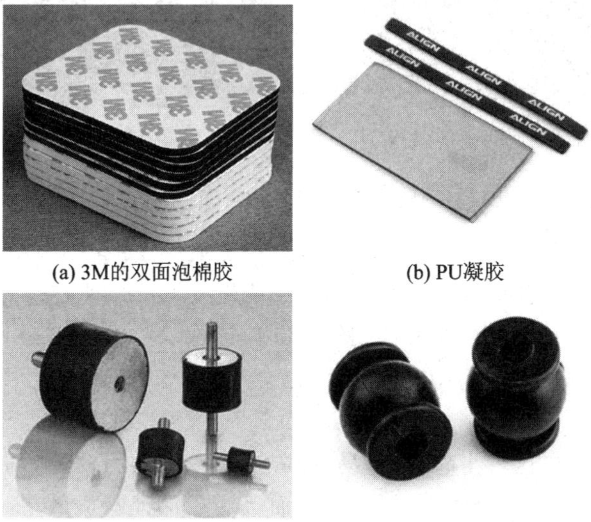

(a) 3M的双面泡棉胶　(b) PU凝胶

(c) 圆柱形橡胶垫　(d) 球形橡胶垫

图 2.24　自驾仪常用的物理隔离减振材料

同材料构成的减振组合能大大减少振动的传递。另外，该组合体的尺寸对减振的效果需要经过实验进行确认。

耳塞式橡胶连接方式是一种利用橡胶垫本身的耳片与上下两块结构板进行连接的方法。

(a) 凝胶垫+泡棉胶胶接方式

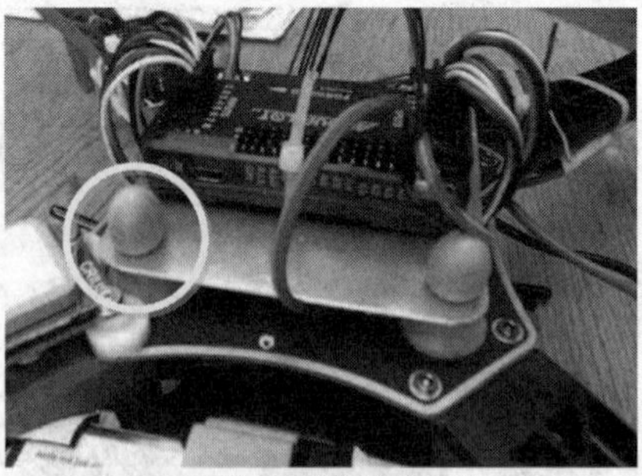

(b) 耳塞式橡胶连接方式

(c) 万向型橡胶垫+耳塞式连接方式

(d) 球形橡胶垫+耳塞式连接方式

(e) 圆柱形橡胶垫+耳塞斜插式连接方式

(f) 减振支架类型

图 2.25　自驾仪常用的减振安装方式及减振支架类型

需要注意的是，耳片与结构板的配合不要留孔隙，以免造成连接不紧。减振板与自驾仪及机架的连接可以采用双面胶＋扎带或双面胶＋魔术带或螺栓螺母 3 种方式固联。

图 2.25 中的万向型橡胶垫、球形橡胶垫及圆柱形橡胶垫的区别是：形状不同所消除振动的频率也不同。另外，橡胶垫安装方向的不同也会产生不同的减振效果。实际减振效果均需要经过实验进行验证。

当自驾仪本身的质量比较小时，很容易受到外界的影响，因此，自驾仪两侧的导线应尽可能悬空，以保证一段长度内不会碰到任何物体；而且为了保证减振效果，有时还需要为自驾仪加上配重，以增大阻尼，增加减振效果。

2. 信号滤波

如果无人机系统采用模拟输出的传感器，则可以在传感器模拟输出后加硬件低通滤波电路进行预处理。现今多旋翼无人机系统多采用基于 MEMS(微电子机械系统)技术的数字加速度计传感器，其电路中可能预留了低通滤波电路设计，用以克服电路噪声等。尽管如此，数字型加速度计传感器仍有可能受到振动的影响，此时可以采用数字滤波的方法。

根据冲激响应的不同，将数字滤波器分为有限冲激响应（FIR）滤波器和无限冲激响应（IIR）滤波器。对于 FIR 滤波器，冲激响应在有限时间内衰减为零，其输出仅取决于当前和过去的输入信号值。对于 IIR 滤波器，冲激响应理论上应会无限持续，其输出不仅取决于当前和过去的输入信号值，也取决于过去的信号输出值。与 IIR 滤波器相比，FIR 滤波器具有线性相位、容易设计的优点，也就是说，IIR 滤波器具有相位非线性、不容易设计的缺点。但是，IIR 滤波器却拥有 FIR 滤波器所不具有的优点，那就是设计同样参数的滤波器，FIR 滤波器比 IIR 滤波器需要更多的参数，也就是说，要增加飞控计算机的计算量。

IIR 滤波器的系统差分方程如下：

$$\begin{aligned} y(n) = &-[a(1)y(n-1) + \cdots + a(N)y(n-N)] + \\ &b(0)x(n) + b(1)x(n-1) + \cdots + b(N)x(n-N) \end{aligned} \tag{2.6}$$

式(2.6)是一个递推表达式，其中，$y(n)$为 n 时刻的滤波器输出；N 为滤波器的阶数；$x(n),\cdots,x(n-N)$为从当前时刻向后推算到前 N 时刻的采样值；$a(1),\cdots,a(N)$，以及 $b(0),\cdots,b(N)$为滤波器的系数，需要根据滤波需求进行设计。具体可以应用 MATLAB 的数字滤波器设计工具箱进行设计。

需要注意的是，采用数字滤波器进行原始采样数据处理时会有时延，滤波器的阶数越大，时延也越大，而且不同频率的时延也不同。即便好的滤波器，也只是在重点关注的频段内不同频率的时延相差不大。FIR 滤波器的时延为：(FIR 数字滤波器的阶数数－1)/2×采样时间间隔。IIR 滤波器具有相位非线性的特点，设计时的阶数不是由设计者指定的，而是根据设计者输入的各个滤波器参数（截止频率、通带纹波、阻带衰减等），由软件设计出满足这些参数的最低滤波器阶数。由于通过数字滤波处理后的加速度计、陀螺仪等传感器数据将用于后续的基于卡尔曼滤波技术的信息融合，而信息融合处理对传感器数据的频率要求为 50～200 Hz，为满足后续数据处理的实时性要求，加速度计、陀螺仪等传感器原始数据采样频率应不低于 1 000 Hz。

例 2.3　有一采样频率为 1 000 Hz 的信号，其中，有用信号是频率为 50 Hz 的正弦信号，但其包含 150 Hz 的扰动余弦信号。请用 MATLAB 信号处理工具箱进行频谱分析，并设计滤波器滤掉 150 Hz 的扰动余弦信号。

频谱分析代码如下：

程序块 1：　频谱分析

```
%信号的模拟
Fs = 1000;                    %采样频率
T = 1/Fs;                     %采样时间
L = 1000;                     %采样数据长度
t = (0:L-1) * T;              %时间向量
%模拟 50 Hz 正弦信号与 150 Hz 余弦信号的叠加
x = 0.7 * sin(2 * pi * 50 * t) + cos(2 * pi * 150 * t);
y = x + 0.2 * randn(size(t));  %叠加噪声信号
figure(1)
plot(t,y)
title('原始信号数据')
```

```
xlabel('时间 (s)')
ylabel('信号幅值')
axis([0,0.2,-2,2])
%原始数据通过傅里叶变换得其频谱特性
NFFT = 2^nextpow2(L);              %最接近数据长度的2的幂次
Y = fft(y,NFFT)/L;                 %傅里叶变换命令
f = Fs/2 * linspace(0,1,NFFT/2);
%单边幅频图绘制
figure(2)
plot(f,2 * abs(Y(1:NFFT/2)))
title('原始数据的单边频谱图')
xlabel('频率 (Hz)')
ylabel('幅值 |Y(f)|')
```

1 000 Hz 原始信号(见图 2.26)经傅里叶变换后的单边频谱图如图 2.27 所示,由该图可清晰地看到信号的两个主要频率 50 Hz 及 150 Hz。

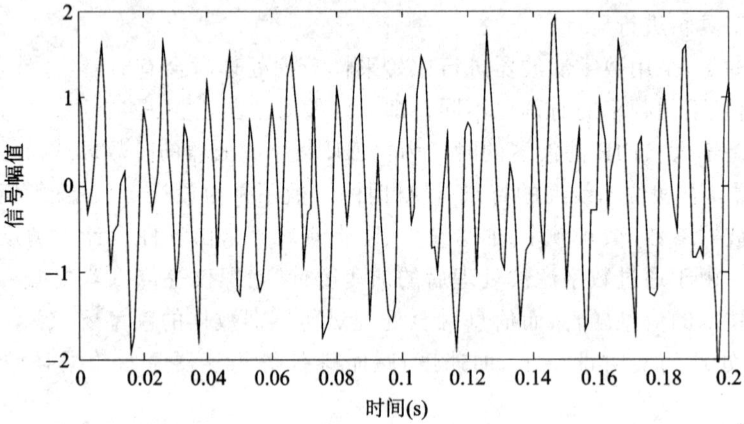

图 2.26　1 000 Hz 原始信号时域图

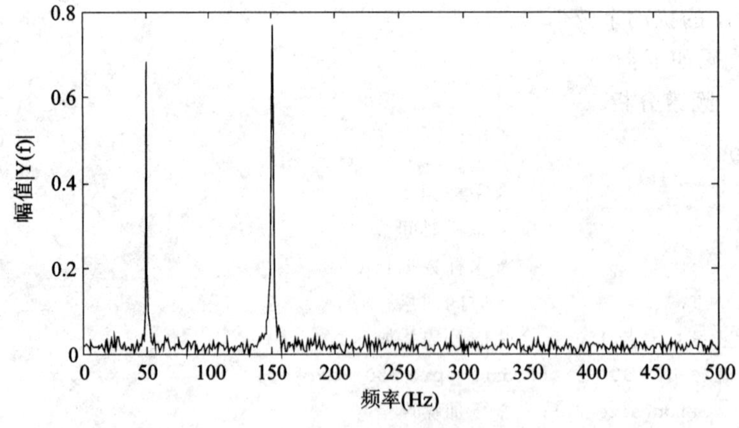

图 2.27　1 000 Hz 原始信号经傅里叶变换后的单边频谱图

通过频谱分析后,设计巴特沃斯低通滤波器,其中,通带截止频率为 60 Hz,阻带起始频

率为 70 Hz,通频带波动为 3 dB,阻带最低衰减为 15 dB。低通滤波器设计的代码如下:

程序块 2:低通滤波器设计

```
% 确定 buttord 的参数,要求滤除 50 Hz 以后的频率成分
[n,Wn] = buttord(60/500,70/500,3,15);
[b,a] = butter(n,Wn);                % 确定滤波器传递函数
freqz(b,a,512,1000);
title('巴特沃斯低通滤波器')
Y_filter = filter(b,a,y);            % 滤波
figure(3)
plot(t,Y_filter)
title('原始数据通过低通滤波器后的时域波形')
xlabel('时间(s)')
ylabel('滤波后信号值')
axis([0,1,-1,1])
```

所设计的 11 阶巴特沃斯低通滤波器的幅相特性曲线如图 2.28 所示,可以发现,该滤波器能够维持 60 Hz 前的信号数据,但会将超过 60 Hz 后的信号进行衰减。图 2.29 所示为滤波后的数据,可以发现,维持在一幅值为 0.7 左右的含有一定噪声的正弦信号,从中可知信号经过一定的滤波处理后,150 Hz 的夹杂信号被滤掉了,但产生了一定程度的滞后,在数据融合处理时需要注意此时延现象。

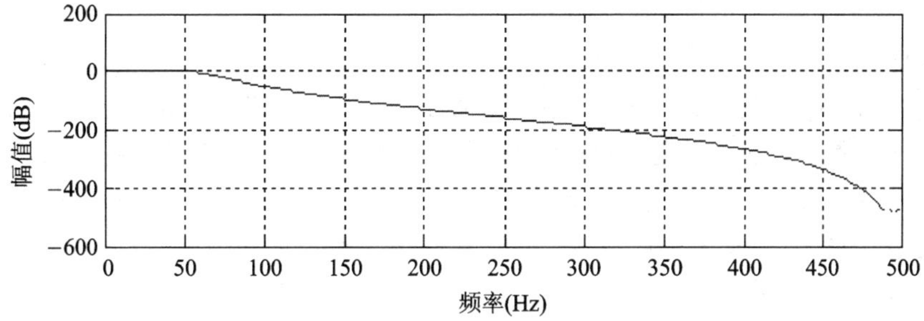

(a) 幅值特性曲线

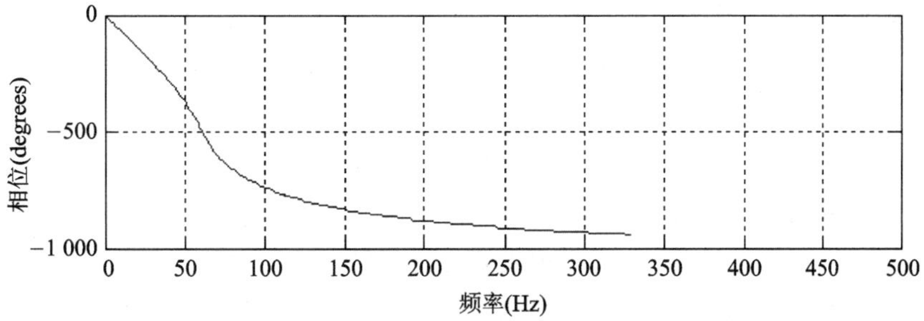

(b) 相位特性曲线

图 2.28　巴特沃斯低通滤波器幅频特性图

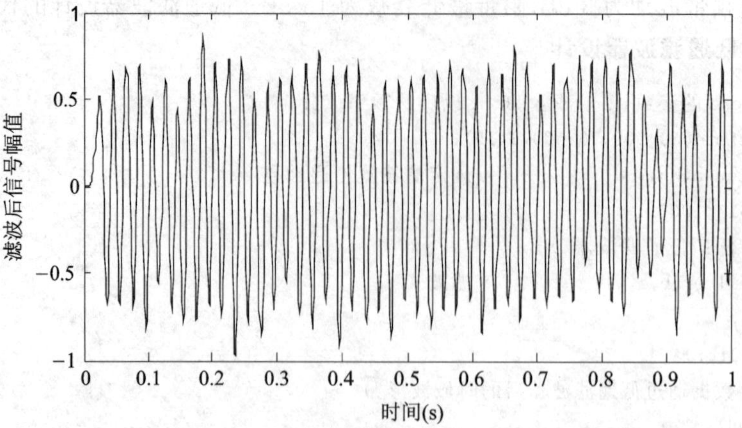

图 2.29　原始数据通过低通滤波器后的时域波形图

2.2.3　实训三：螺旋桨的静平衡及减振垫的选择

实训题目：

螺旋桨的静平衡及减振垫的选择。

实训目的：

识别正反桨，理解螺旋桨的参数值及其对称特点，通过实验法获取不同减振材料的减振效果。

实训素材：

装配完好的 450 四旋翼无人机机架一套，AHRS 一套，标准砝码若干个(5 g、10 g、20 g、50 g)，不同类型减振支架若干组(减振支架类型见 2.2.2 小节，包括凝胶垫＋泡棉胶胶接减振支架、耳塞式橡胶连接减振支架、万向型橡胶垫＋耳塞式连接减振支架、球形橡胶垫＋耳塞式连接减振支架、圆柱形橡胶垫＋耳塞斜插式连接减振支架)。

实训原理：

参见 2.2.1 小节中的相关内容。

实训步骤：

① 将 450 四旋翼无人机机架安放在工作台上，按装配规范将 4 个电机及电调装好，进行无桨状态测试实验；

② 选择凝胶垫＋泡棉胶胶接减振支架，将该支架连接在机架上；

③ 将传感器测试模块安装在减振支架上，配重为 5 g；自驾仪与电源连接，上电；

④ 自驾仪与上位机连接后，打开上位机软件，选择串口；

⑤ 通过遥控器控制电机转速为 3 000 r/min，通过上位机软件记录此时自驾仪中三轴加速度计的数据，包括最大值、最小值、方差；

⑥ 改变电机转速到 3 500 r/min，通过上位机软件记录此时自驾仪中三轴加速度计的数据，包括最大值、最小值、方差；

⑦ 自驾仪断电，更换不同类型的配重，重复步骤①～⑥；

⑧ 自驾仪断电，更换不同类型的减振支架，重复步骤②～⑦，此时无桨状态实验结束；

⑨ 进行有桨状态实验，在步骤①上将螺旋桨与电机按规范装配，同时将飞行器安装在防

护架内；

⑩ 重复步骤②～⑧，其中，步骤⑥的遥控器控制转速达3 000 r/min；

⑪ 实验结束，整理数据。

实训报告及要求：

① 按规范布局实训报告；

② 数据需要有表格、图形对比，形成不同转速、不同配重、有桨无桨状态、不同减振支架下的数据对比报告，给出每种减振支架的减振效果结论。

实训素材介绍：

多旋翼无人机振动测试平台采用上位机控制无人机的电机来产生不同的转速，并采集9轴姿态传感器在不同减振垫、不同转速以及是否带螺旋桨情况下的加速度数据。通过观察数据并处理数据，可以让用户清晰地了解不同减振材料的减振效果，加强理解物理隔离减振，以便在设计无人机时采用合适的减振材料。其中，电池类型为3S11.1V动力锂电池，适用于F450四旋翼机型。

多旋翼无人机振动测试平台示意图如图2.30所示，主要包含12个部件，如表2.6所列。

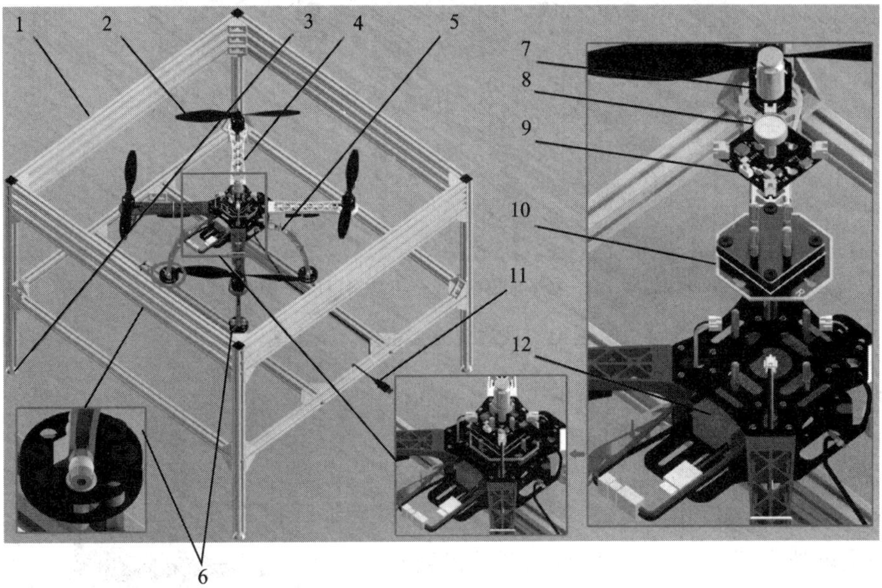

图2.30　多旋翼无人机振动测试平台示意图

表2.6　多旋翼无人机振动测试平台的主要构成部件

序　号	名　称	序　号	名　称
1	平台保护架	7	砝码(5 g、10 g、20 g、50 g)
2	螺旋桨	8	砝码座
3	可调垫脚 M6×20×30	9	飞控测试板
4	F450 机架	10	飞控测试板减振支架
5	高脚腿	11	USB－Micro 数据线
6	高脚腿减振支架	12	锂电池

操作说明：

① 首先把 3 s 锂电池充满电再进行实验，将无人机机架固定在测试架上，先不要装螺旋桨。然后确定机头和机尾，电池接口伸出来的部分是机尾（红色机臂），另一侧则为机头（白色机臂）。无人机固定方位如图 2.31 所示。

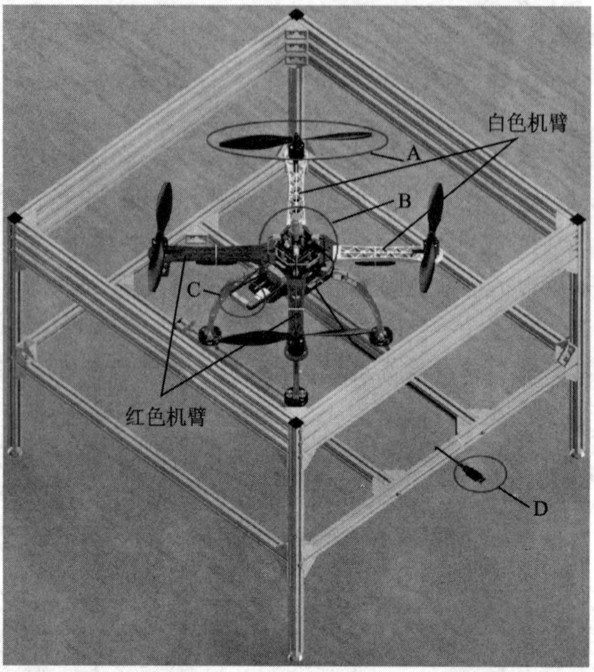

A—螺旋桨；B—测试控制板；C—电池接口；D—数据线接口

图 2.31　四旋翼无人机安装示意图

② 如图 2.32 所示，把 4 个机臂的 4 个信号线插在飞控测试板的相应接口上，通过 USB-Micro 线连接飞控测试板和计算机，安装 FT232 驱动，把飞控测试板的开关拨到左侧 OFF 端。

图 2.32　测试控制板安装与接线

③ 插上电池电源，等待 3 s，然后把开关拨到右侧 ON 端，等待 2 s。打开上位机，选对串口，单击"打开串口"按钮，然后单击"转速 3000"按钮或者"转速 3500"按钮（见图 2.33），观察电机的旋转方向是否正确：机头右侧电机逆时针方向旋转，机头左侧电机顺时针方向旋转；机尾右侧电机顺时针方向旋转，机尾左侧电机逆时针方向旋转，如图 2.34 所示。若正确，则可以进行无桨实验。无桨实验做好后，就可以选择安装螺旋桨进行有桨实验了。在螺旋桨包装袋里找出与电机轴相匹配的轴套，剪下来套在电机轴上，然后安装螺旋桨，其中，两个顺时针转的电机装反桨，另外两个逆时针转的电机装正桨。

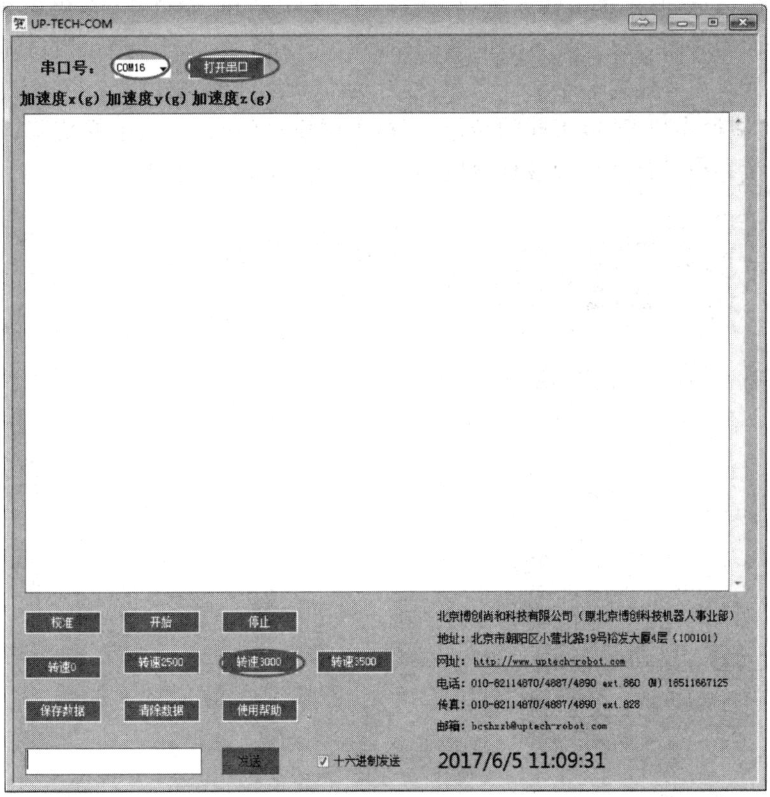

图 2.33　测试台上位机界面示意图

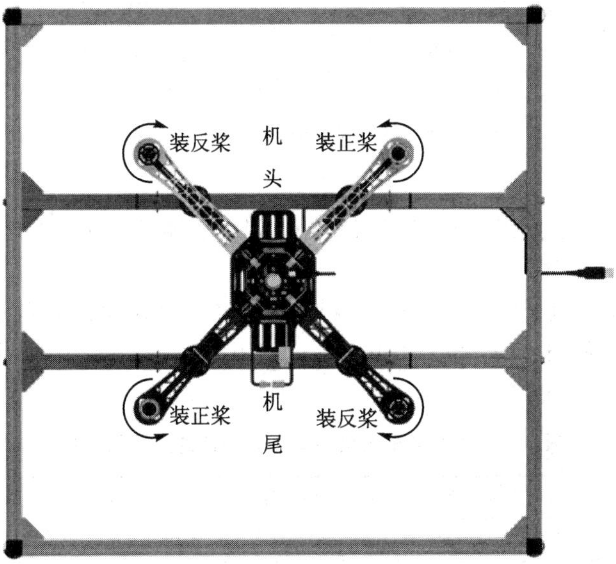

图 2.34　测试台螺旋桨安装方向

④ 如图 2.35 所示，采集数据时，先单击上位机上面的“开始”按钮，会看到上位机上面显示 3 列数据，分别是加速度计传感器 x 轴、y 轴、z 轴的数据，其中，第 1、2 列的数据接近 0，第

3 列的数据接近 1。这时再单击转速按钮,如“转速 2500”按钮,等待 3 s 后电机转速稳定,记录当前上位机界面的时间,然后单击“清除数据”按钮。1 min 后,单击“停止”按钮,然后单击“保存数据”按钮,此时需要输入一个文件名称,保存为.csv 格式的文件。接着单击“关闭串口”按钮,更换不同的减振支架、更换不同的转速、更换不同质量的砝码、加上螺旋桨,然后针对不同的情况进行测试并记录每一次的数据,最后对数据进行分析、处理等。

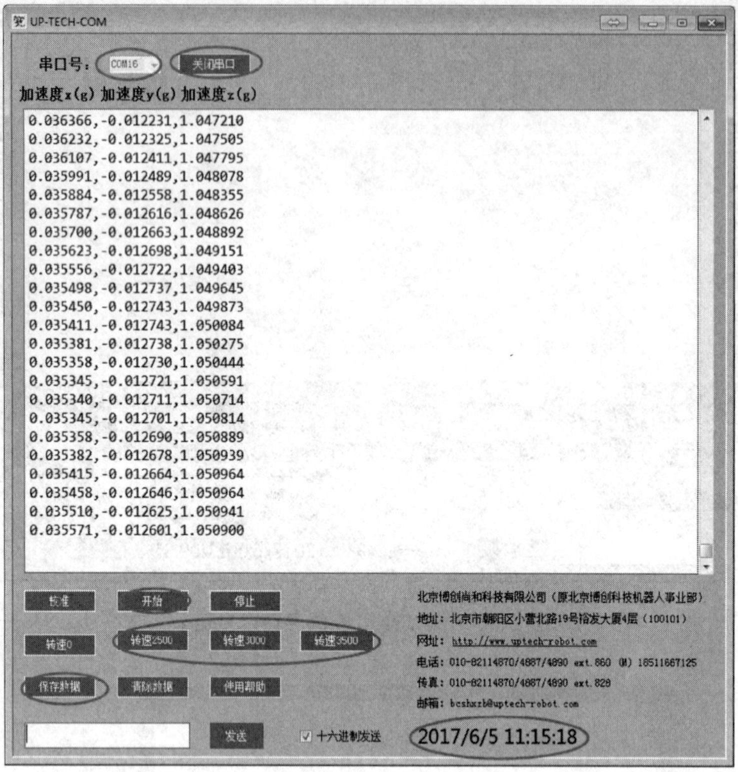

图 2.35 加速度数据记录操作示意图

注意事项:

① 严格按操作说明装配正反螺旋桨,若装反,则 M5 螺母无法产生自锁,螺母松动,螺旋桨易脱出电机轴,造成危险。

② 加载螺旋桨进行测试时一定要远离测试平台,禁止触摸螺旋桨旋转区域。

多旋翼无人机振动测试平台的主要更换件示意图如图 2.36 所示,其中各更换件的名称如表 2.7 所列。

表 2.7 多旋翼无人机振动测试平台的主要更换件

序 号	名 称	序 号	名 称
1	球形减振球支架	5	硅胶减振支架
2	梯形减振球支架	6	正螺旋桨(逆时针旋转)
3	鼓形减振球支架	7	反螺旋桨(顺时针旋转)
4	耳塞减振支架	8	砝码(5 g、10 g、20 g、50 g)

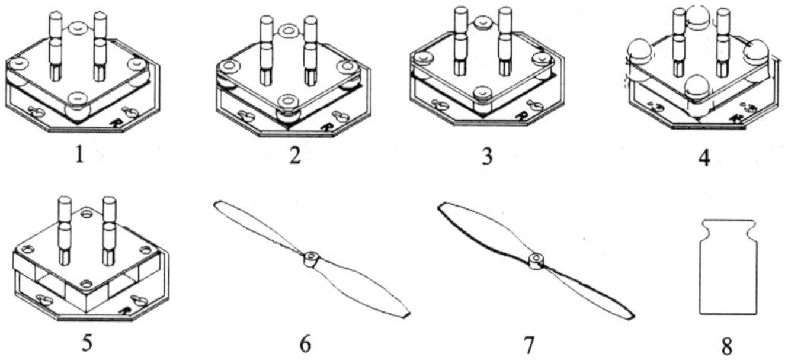

图 2.36　多旋翼无人机振动测试平台的主要更换件示意图

2.2.4　实训四：传感数据的频谱分析及数字滤波器设计

实训题目：

传感数据的频谱分析及数字滤波器设计。

实训目的：

掌握傅里叶变换在传感器数据频谱分析中的应用；理解电机转速产生的振动频率与转速的关系；掌握用 MATLAB 设计 IIR、FIR 滤波器的方法。

实训素材：

装配完好的 450 四旋翼无人机一套，地面站一套。

实训原理：

参见 2.2.2 小节中的相关内容。

实训步骤：

① 将 450 四旋翼无人机安装在工作台上；

② 将自驾仪上电，打开上位机软件，通信良好；

③ 通过地面站软件控制电机转速到 2 500 r/min（飞行器不起飞），然后记录 30 s 时长的数据；

④ 停止电机转动，保存 Excel 格式数据；

⑤ 改变电机转速到 3 500 r/min（飞行器不起飞），然后记录 30 s 时长的数据，而后停止电机转动，保存 Excel 格式的数据；

⑥ 打开地面站 MATLAB 软件及其中的 3 轴加速度计原始数据分析软件；

⑦ 依次导入两次采样数据，并进行数据分析，记录频率、幅值等图表信息；

⑧ 将得到的频率值输入数字滤波器生成软件，设计滤波器，进行数据滤波前后的对比分析，并记录相关数据及图表；

⑨ 实验结束，整理数据。

实训报告及要求：

① 按规范布局实训报告；

② 数据需要有表格、图形对比，形成不同转速下的振动频谱分析及 FIR 低通滤波器设计报告。

2.3 多旋翼无人机的惯量

重力(重心)、惯性矩及惯性积是多旋翼无人机进行数学建模和飞行性能计算的重要参数。随着现代飞行控制技术的发展,为了提高飞行控制系统的开发效率和可靠性,要求精确地测算飞机的重心位置和惯性参数。

2.3.1 重 心

物体的重力就是地球对它的吸引力。若把物体视为由许多质点组成的,则由于地球比所研究的物体大得多,故作用在这些质点上的重力所形成的力系可以认为是一个垂直的平行力系。这个空间平行力系的中心称为物体的重心。图 2.37 所示为不规则均匀物体的重心示意图。

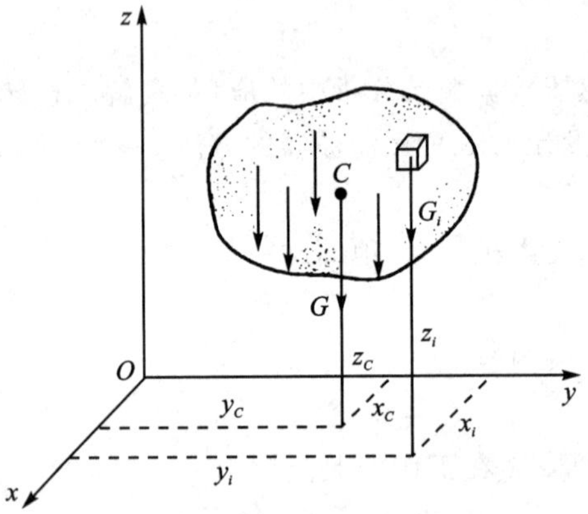

图 2.37 不规则均匀物体的重心示意图

将物体分割成许多微单元,每一微单元的重力方向均指向地心,近似为一平衡力系,大小分别为 $G_1, G_2, \cdots, G_n$,作用点分别为 $C_1(x_1, y_1, z_1), C_2(x_2, y_2, z_2), \cdots, C_n(x_n, y_n, z_n)$。物体重心 C 的坐标可表示为

$$\left.\begin{aligned} x_C &= \frac{\lim\limits_{n\to\infty}\sum\limits_{i=1}^{n} G_i x_i}{G} = \frac{\int_V \rho g x\,\mathrm{d}V}{\int_V \rho g\,\mathrm{d}V} \\ y_C &= \frac{\lim\limits_{n\to\infty}\sum\limits_{i=1}^{n} G_i y_i}{G} = \frac{\int_V \rho g y\,\mathrm{d}V}{\int_V \rho g\,\mathrm{d}V} \\ z_C &= \frac{\lim\limits_{n\to\infty}\sum\limits_{i=1}^{n} G_i z_i}{G} = \frac{\int_V \rho g z\,\mathrm{d}V}{\int_V \rho g\,\mathrm{d}V} \end{aligned}\right\} \tag{2.7}$$

式中:ρ 为物体的密度,g 为重力加速度,$\mathrm{d}V$ 为微单元体积。

对于多旋翼无人机，由于每个零部件的物质材料可能不同，所以它们的密度可能也不同。在这种情况下，可以先计算出每个零部件相对于固定坐标系的重心位置 $C_{pi}(x_{pi},y_{pi},z_{pi})$ 及重量 G_{pi}，其中，$i=1,\cdots,n$，则无人机的重心为

$$x_{RC}=\frac{\sum_{i=1}^{n}G_i x_i}{\sum_{i=1}^{n}G_i},\quad y_{RC}=\frac{\sum_{i=1}^{n}G_i y_i}{\sum_{i=1}^{n}G_i},\quad z_{RC}=\frac{\sum_{i=1}^{n}G_i z_i}{\sum_{i=1}^{n}G_i} \tag{2.8}$$

2.3.2　惯性矩及惯性积

如图 2.37 所示，设每一微单元的质量为 m_i，则物体相对于坐标轴 x、y 及 z 的转动惯量 I_{xx}、I_{yy}、I_{zz} 的表达式分别为

$$\left.\begin{aligned}I_{xx}&=\sum_{i=1}^{n}m_i(y_i^2+z_i^2)=\int(y^2+z^2)\mathrm{d}m\\I_{yy}&=\sum_{i=1}^{n}m_i(x_i^2+z_i^2)=\int(x^2+z^2)\mathrm{d}m\\I_{zz}&=\sum_{i=1}^{n}m_i(x_i^2+y_i^2)=\int(x^2+y^2)\mathrm{d}m\end{aligned}\right\} \tag{2.9}$$

惯性积 I_{xy}、I_{xz}、I_{yz} 分别为物体中各质量单元的质量与其到两个相互垂直平面的距离之积的总和，其表达式分别为

$$\left.\begin{aligned}I_{xy}&=\sum_{i=1}^{n}m_i x_i y_i=\int xy\,\mathrm{d}m\\I_{xz}&=\sum_{i=1}^{n}m_i x_i z_i=\int xz\,\mathrm{d}m\\I_{yz}&=\sum_{i=1}^{n}m_i y_i z_i=\int yz\,\mathrm{d}m\end{aligned}\right\} \tag{2.10}$$

惯性矩、惯性积反映了物体相对于固联坐标系转动的惯性。对于多旋翼无人机，它的机身结构一般具有对称性，在选择坐标系时，三维本体坐标系的原点选择在飞行器的重心位置，xz 平面一般选择其纵剖面，x 轴指向机头，z 轴指向地面，y 轴符合右手螺旋定则。当前，飞行器的三维结构设计基本上是基于 SolidWorks、UG 等三维软件开展的，由于这些软件本身就集成了式(2.7)～式(2.10)的功能，所以可以利用这些软件来查询得到飞行器的惯性物理参数。

2.3.3　实训五：多旋翼无人机的 CAD 设计

实训题目：

多旋翼无人机的 CAD 设计。

实训目的：

提高学生使用 SolidWorks 三维软件设计多旋翼无人机系统的能力，并学会利用该三维软件获取飞行器的质量、重心、本体系转动惯量和惯性积。

实训素材：

450 四旋翼无人机参数一套，装有 SolidWorks 软件的计算机。

实训原理：

请自行查阅与 SolidWorks 三维软件设计相关的参考书。

实训要求：

① 按照质量、尺寸要求，结合实训二的结论进行机臂结构设计；

② 机架结构要对称，要有合适的长宽高比，各轴间距、结构布局要适宜；

③ 质量越小越好；

④ 为航电设备、电池等设计机舱，预留空间；

⑤ 获取质量、重心、本体系转动惯量及惯性积；

⑥ 报告需要包括零件爆炸图、装配图及关键物理参数。

思维训练

1. 简述多旋翼无人机机身结构设计的一般要求。
2. 简述铝合金及碳纤维复合材料的特点。
3. 影响多旋翼无人机机臂刚度的因素有哪些？在机臂设计过程中需要怎么考虑？
4. 多旋翼无人机的振动是怎么产生的？可以采用哪些措施加以克服？

第3章　多旋翼无人机动力系统

引言：为飞行器提供动力，推动飞行器起降、飞行的装置称为动力系统，它包括发动机及其辅助系统。我们知道，固定翼飞机的发动机主要有活塞式发动机（如塞斯纳 182 小型飞机）、喷气式发动机（如波音 747 大型客机、J10 战斗机等）两种类型，这些发动机的辅助系统主要有燃料系统、点火系统、滑油系统、冷切系统、启动系统、定时系统等。那么对于多旋翼无人机，它的动力系统中用的是什么样的发动机呢？它的辅助系统中又包括什么呢？这些动力系统又是怎么工作的呢？它们又是怎么匹配飞行器的性能的呢？本章将从多旋翼无人机动力系统的基本组成出发，结合实践介绍每个组成子系统的工作原理，进而理解多旋翼无人机动力系统的工作机理。

3.1　概　述

早期的无人机是将战斗机、侦察机等固定翼飞机装备自驾仪，以改装成无人驾驶飞行器，因此这些无人机采用与固定翼飞机相同的动力系统。当前用于军事用途的中大型无人机的发动机依然采用活塞式发动机或喷气式发动机，这些发动机转动所需要的能量来源于燃油的燃烧。对于多旋翼无人机，除了大负载特殊用途外，绝大多数的多旋翼无人机都采用电机加螺旋桨作为克服飞行器重力及前飞阻力的动力源，其辅助系统是电机驱动控制系统。

图 3.1 所示为两种不同动力源的多旋翼无人机，图 3.1(a)所示为一款名为“CT300－60”、由汽油发动机作为动力提供方式的六旋翼无人机，该无人机长 2.3 m，宽 2 m，自重 85 kg，最大载重 84 kg，可以承担 60 kg 的商业载荷，空载时续航时间为 4 h，满载荷时续航时间为 1 h；图 3.1(b)所示为常见的消费级电动 450 四旋翼无人机，它采用电池＋电调＋无刷电机的动力系统，对角桨的轴距为 0.45 m，飞行时间一般为 15 min，载荷能力有限。从这两种无人机的参数中可以发现，受限于电池容量，目前大多数商用电动多旋翼无人机的飞行时间都不会超过 1 h。如果为了实现大负载能力，则汽油发动机是一种选择。汽油机与电机相比，一方面由于汽油的燃爆及活塞运动，汽油机的振动更大；另一方面，由于汽油具有挥发性，机体的清洁及防护措施更多，因而使用汽油机更为不易。相对而言，由于用户可以携带多块充电电池，故在非超视距的作业范围内，使用电机更为安全，也更为便捷。

本章将重点关注电机驱动的多旋翼无人机的动力系统。从图 3.1 中可以看到，电机驱动的多旋翼无人机动力系统主要包括螺旋桨、电机、电机驱动控制模块及电池 4 部分。表 3.1 所列为 2016 中国机器人大赛空中飞行机器人续航时间比赛时两款四旋翼无人机的性能参数比较，两者所用电机和螺旋桨相同，但电池差别较大，其中，机型 1 采用的电池容量为 17 500 mA・h，质量为 980 g，持续最大放电电流为 40 A；而机型 2 采用的电池容量为 10 000 mA・h，质量为 930 g，持续最大放电电流为 250 A。另外，两者的起飞质量相差不大，但机型 1 的悬停飞行时间达 108 min 时，电量还剩 2 500 mA・h；而机型 2 的悬停飞行时间为 63 min 时，电量已所剩无几。

(a) CT300-60

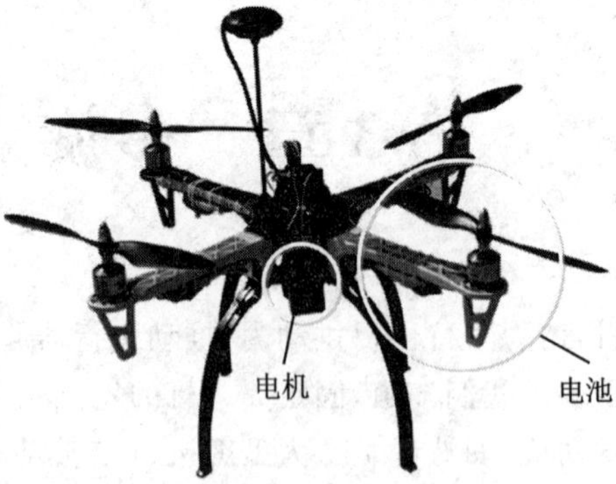

(b) 消费级电动450四旋翼无人机

图 3.1 油动六旋翼无人机和电动四旋翼无人机

为什么会有这么大的差距呢?

表 3.1 某两款四旋翼无人机

性能参数	机型 1	机型 2
电池容量/(mA·h)	17 500	10 000
电池质量/g	980	930
电池类型	4S5P,14.8V,持续最大放电电流 40 A	4S1P,14.8 V,持续最大放电电流 250 A
电池厂商	三洋,单芯,3.7 V,18 650,3 500 mA·h,锂离子电池(见图 3.2(a))	格瑞普,单芯,3.7 V,10 000 mA·h,锂聚合物电池(见图 3.2(b))
电机型号	T-MOTOR MN3508-29 KV380	T-MOTOR MN3508-29 KV380
螺旋桨	1555	1555
机架+电子设备质量/g	720	970
机架对角距离/mm	610	580
起飞质量/g	1 700	1 800
悬停飞行时间/min	108	63

(a) 三洋锂离子电池

(b) 格瑞普锂聚合物电池

图 3.2 三洋锂离子电池和格瑞普锂聚合物电池

在带螺旋桨的飞机发动机领域中有这么一句话："螺旋桨的配合与发动机的转速有关，低速配大浆，高速配小浆"。这句话是什么意思呢？有什么科学道理呢？接下来，我们将从4个部分详细介绍每个模块的工作机理，介绍它们是如何在多旋翼无人机的动力供给中做出自己的贡献的。

3.2 电　池

能源子系统是为多旋翼无人机上所有的控制子系统、动力子系统及载荷子系统提供能源的部分。通常微型或小型多旋翼无人机均采用直流电作为电源。下面将重点介绍目前常见的电池技术，并将其进行对比。

电池是指将化学能、内能、光能、原子能等形式的能量直接转化为电能的装置。利用电池作为能量来源，可以得到稳定的电压和电流，并且电池结构简单，携带方便，充放电操作简便易行，不受外界气候和温度的影响，性能稳定可靠，在现代社会生活中的各个方面都发挥着很大的作用。

根据多旋翼无人机的结构特点，要求电池体积小、质量轻、能量密度大，并且具有足够的安全性和可靠性。因此，这里主要介绍常用的可充电电池（也称为二次电池），如镍镉电池、镍氢电池、铅酸蓄电池、锂离子电池、磷酸铁锂电池、锂聚合物电池和氢燃料电池。

3.2.1 常见的二次电池

1. 镍镉/镍氢电池

镍镉电池（Nickel-cadmium Battery, Ni-Cd）是最早应用于手机、笔记本电脑等设备中的电池，它具有大电流放电特性良好、耐过充放电能力强、维护简单等优点。镍镉电池最致命的缺点是，在充放电过程中如果处理不当，则会出现严重的"记忆效应"——电池在充电前，电池的电量没有被完全用尽，久而久之将会使电池容量降低。这是因为在电池充放电过程中（放电较为明显），会在电池极板上产生些许的小气泡，日积月累，这些气泡就会减少电池极板的面积，进而间接影响电池的容量，使得电池的服务寿命大大缩短。此外，镉是有毒的，因而镍镉电池不利于生态环境的保护。镍镉电池的众多缺点使其应用越来越少。

镍氢电池是由氢离子和金属镍合成的，不再使用有毒的镉，对环境无污染。镍氢电池的电量储备比镍镉电池多30%，质量比镍镉电池更小，比能量是镍镉电池比能量的1.5倍，使用寿命也更长，充放电通常可达600～800次。镍氢电池的"记忆效应"比镍镉电池小很多。一般单体镍氢电池的电压为1.2 V，如图3.3所示。

2. 铅酸蓄电池

铅酸蓄电池（见图3.4）是一种电极主要由铅及其氧化物制成，电解液是硫酸溶液的蓄电池。其主要优点是电压稳定、价格便宜，支持20倍的短时大电流放电，对过充电的耐受强，技术成熟，可靠性相对较高，没有记忆特性；其缺点是寿命较短（充放电循环通常不超过500次），质量大。随着蓄电池制造技术的升级，铅酸蓄电池已发展为铅酸免维护蓄电池和胶体免维护电池。铅酸蓄电池在使用中无需添加电解液或蒸馏水，其主要用于不间断电源、电动车、电动自行车等。

图 3.3　单体镍氢电池

图 3.4　铅酸蓄电池

3. 锂离子电池

锂离子电池能量密度大，平均输出电压高，自放电小，没有记忆效应，循环性能优越，可快速充放电，充电效率高达 100%，输出功率大，工作温度范围宽（－20～60 ℃），使用寿命长，不含有毒有害物质，被称为绿色电池。但是，锂离子在使用中不可过充、过放（会损坏电池或使之报废），因此，在电池上有保护元器件或保护电路以防止电池损坏。另外，锂离子电池充电要求很高，要保证终止电压精度在±1%之内，因此，锂离子电池有专门的充电设备，以保证安全、可靠、快速地充电。

锂离子电池主要有钴酸锂电池、磷酸铁锂电池等。其中，钴酸锂电池标称电压为 3.7 V，其结构稳定、比容量高、综合性能突出，主要用于中小型号电芯；但其成本高，不适合用于大电流放电。目前，钴酸锂电池主要用于制造手机和笔记本电脑及其他便携式电子设备的锂离子电池的正极材料，在动力电池方面应用有一定难度。

4. 磷酸铁锂电池

磷酸铁锂电池（见图 3.5）循环寿命可达 2 000 次以上，具有比普通电池（铅酸等）更大的容量，无记忆效应。磷酸铁锂电池的缺点是：低温性能差，正极材料振实密度小，等容量的磷酸铁锂电池的体积大于钴酸锂电池，因此在微型电池方面不具有优势。当用于动力电池时，磷酸铁锂电池和其他电池一样，需要面对电池一致性问题。磷酸铁锂电池的标称电压为 3.2 V，充满电时的终止充电电压为 3.65 V，终止放电电压为 2.5 V，低于 2.0 V 的过放对电池会有损害。

图 3.5　磷酸铁锂电池

5. 锂聚合物电池

锂聚合物电池（见图 3.6）又称为高分子锂电池，采用锉合金做正极，采用高分子导电材料、聚乙炔、聚苯胺或聚对苯酚等做负极，有机溶剂作为电解质，单体标称电压为 3.7 V。它比镉、氢电池更轻。锂聚合物电池的放电倍率大，具有比能量高、小型化、超薄化、轻量化和安全性高等多种优势，其可制成任何形状与容量的电池，进而能满足各种产品的需要，所以被广泛采用。另外，它可以通过放电来满足无人机在不同环境下的使用要求。

6. 氢燃料电池

氢燃料电池是使用氢元素制造成存储能量的电池。其基本原理是：电解水的逆反应把氢和氧

图 3.6　锂聚合物电池

分别供给阳极和阴极，氢在阳极变成氢离子（质子），通过电解质转移到阴极，同时放出电子，通过外部的负载到达阴极，与氧气发生反应生成水。由于供应给阴极板的氧可以从空气中获得，因此只要不断地给阳极板供应氢，给阴极板供应空气，并及时把水（蒸气）带走，就可以不断地提供电能。氢燃料电池具有免充电、无火花、低噪声、无废弃物处理问题等优点。现在燃料电池能量密度提高到 1 000 W・h/kg，比当前流行的锂离子电池能量密度 150～300 W・h/kg 高出了许多。

表 3.2 所列为常用电池性能的比较，从能量密度、单体标称电压、大电流放电能力、充放电方式、充电器成本、环保、安全性、应用领域、可维护性、放电曲线性能及循环寿命 11 个方面对铅酸电池、镍氢电池、磷酸铁锂电池、锂聚合物电池及氢燃料电池 5 种电池进行比较。从对以上几种常用电池的分析可知，当前可以采用锂聚合物电池、磷酸铁锂电池及氢燃料电池作为多旋翼无人机的电源。从技术成熟的角度来说，小型多旋翼无人机还是以锂聚合物电池为主，但对于负载较大或很大的多旋翼无人机，可采用磷酸铁锂电池及氢燃料电池。

表 3.2　常用电池性能的比较

电池分类	铅酸蓄电池	镍氢电池	磷酸铁锂电池	锂聚合物电池	氢燃料电池
能量密度	30～50 W・h/kg，差	60～80 W・h/kg，一般	120～130 W・h/kg，较好	142 W・h/kg，好	1 000 W・h/kg，非常好
单体标称电压/V	2.0	1.2	3.2	3.7	0.8～0.97
大电流放电能力	非常好（20 C 以上）	较好	非常好（瞬间 20 C 以上）	非常好（20 C 以上）	较好
充放电方式	恒流充电	恒流充电	恒流恒压充电	恒流恒压充电	增加氢气
充电器成本	一般	一般	高	高	一般
环保	铅污染	环保	环保	环保	环保
安全性	碰撞或破裂后，可能喷射出酸液（有一定隐患）	碰撞或破裂后不燃烧，不爆炸（安全）	碰撞或破裂后只会冒烟，不燃烧，不爆炸（安全）	碰撞或破裂后可能燃烧或爆炸（有一定隐患）	氢气使用过程中有一定隐患
应用领域	汽车、船舶发动机启动电源，通信备用电源，UPS、电动自行车电源	电动玩具	基于太阳能、风能等发电系统的储能设备，UPS，HEV	数码产品	车辆、航空航天等有少量应用
可维护性	很好	好	很好	较好	较好
放电曲线性能	好	一般	非常好	较好	较好
循环寿命/次	400～600	800～1 000	2 000	500～600	2 000～10 000

3.2.2 锂电池的使用

目前,负载较小的电动多旋翼无人机的动力电池以锂离子电池为主,其中,表 3.1 中的机型 2 就采用了图 3.2(b)所示的锂聚合物电池,该电池上有 10 000 mA·h、4S1P 14.8 V、25C 等参数,这些参数代表什么意思呢?下面将主要介绍锂离子电池的参数意义及使用要点。

(1) 电池参数 mA·h 的含义

电池的容量是用 mA·h 表示的,它是指电池以某个电流放电能维持 1 h,例如,1 000 mA·h 的电池理论上能保持 1 A 的电流放电 1 h。电池的放电并非是线性的,但电池在小电流时的放电时间总是大于大电流时的放电时间,而其在其他电流情况下的放电时间是可以大到估算出来的,因为锂电池有最低放电电压。实际上,电池从最高电压 4.2 V 内放到 3.0 V 时所放出来的容量才是电池最真实的容量。

(2) 电池 S 数的含义

电池 S 数表示锂电池串联数。例如,1 节锂聚合物电池的标准电压为 3.7 V,那么 2S 电池就是代表有 2 节 3.7 V 的电池串联,电压为 7.4 V。电池串联是为了提高供电电压而采用的一种连接方式,例如,中型多旋翼无人机在飞行过程中就采用大电压的电池以减少热损耗(如同高压输电原理)。

(3) 电池 P 数的含义

电池 P 数表示电池并联数。例如,对于 1 节或 1 组 3.7 V、3 500 mA·h 的锂离子电池,2P 电池就是代表 2 节或 2 组锂离子电池并联,得到的电池容量为 7 000 mA·h,相应的电池放电能力也增加了 1 倍。

(4) 电池放电 C 数的含义

电池放电 C 数代表电池的放电能力。这是普通锂电池和动力锂电池最重要的区别,动力锂电池需要很大的电流放电,这个放电能力就是用 C 来表示的。电池的放电能力,即最大持续电流=额定容量×放电倍率 C。例如,3S/2 200 mA·h/20C 电池的最大持续电流就是(2.2×20) A=44 A。如果该电池长时间超过 44 A 电流工作,则电池寿命将变短。

(5) 电池充电 C 数的含义

电池充电 C 数表示电池的充电能力。为了锂聚合物电池的健康,1C 或 1C 以下充电较好。

(6) 保存方法

在 20 ℃下可存储半年以上,这是因为它的自放电率很低,而且大部分容量可以恢复。锂电池存在自放电现象,如果电池电压在 3.6 V 以下长时间保存,则会导致电池过放电而破坏电池内部结构,缩短电池寿命。因此,长期保存的锂电池应当每 3~6 个月就充电一次,充电到电压为 3.8~3.9 V(锂电池最佳存储电压为 3.85 V 左右)、保持在 40%~60%放电深度为宜,不宜充满(充满电的电池不能满电保存超过 3 天,如果超过一个星期不放掉,有些电池就会直接鼓包,有些电池可能暂时不会变鼓,但几次满电保存后,电池可能会直接报废)。电池应保存在 4~35 ℃的干燥环境中或进行防潮包装,要远离热源,也不要置于阳光直射的地方。

(7) 过充过放

锂离子电池的额定电压因材料的变化,一般为 3.7 V,而磷酸铁锂电池(以下简称“磷铁”)正极的电压为 3.2 V。充满电时的终止充电电压的国际标准是 4.2 V,磷铁为 3.6 V。锂离子电池的终止放电电压为 2.75～3.0 V(国内电池厂会给出电池的工作电压范围或终止放电电压,各参数略有不同,一般为 3.0～2.75 V,磷铁为 2.5 V)。低于 2.5 V(磷铁 2.0 V)继续放电称为过放(国际标准最低为 3.2 V,磷铁为 2.8 V),低电压的过放或自放电反应会导致锂离子活性物质分解并被破坏,而且不一定能还原;而任何形式的过充都会导致锂电池的性能受到严重破坏,甚至爆炸。锂离子电池在充电过程中必须避免对其过充。

(8) 安全性问题

燃烧是锂聚合物电池最大的安全问题。运输及存放锂聚合物电池都需要异常小心,以防止电池的保护膜坏掉;使用过程中要防止外部短路而产生过大电流。锂聚合物电池的充电电压不可过高,在高电压(超过 5 V)情况下,正极锂的氧化物也会发生氧化反应,析出金属锂,在气体导致壳体破裂的情况下,金属锂与空气直接接触,将会燃烧,同时引燃电解液,气体急速膨胀,发生爆炸。

(9) 充电器

在小型多旋翼无人机中,一般动力电池都是使用 3S 以上的锂电池组,而电池组中的锂电池并不能做到内阻、容量、电压等属性完全一致,所以充电时需要使用平衡充电器,将电池组中的每个电芯都平衡到同一水平,以保护电池,延长电池寿命。一个好的平衡充电器可以提供更加安全的充电(充电必须有人看护,以防意外),对电池提供更好的保护。

这里再对表 3.1 中的两款机型所选用的电池性能进行对比,可以发现,虽然机型 2 选用的锂聚合物电池在放电能力上优于机型 1 的锂离子电池,但由于在室内飞行时没有外界风烦扰及机动飞行因素,其大电流放电能力并未得到充分应用(参赛学生讲述机型 1 飞行时单电机测得的电流在 2.5 A 左右),所以在此次比赛中有点大材小用,未能充分发挥其特定的作用。如果是在有风且携带较重负载的情况下,则机型 2 的锂聚合物电池就会充分发挥其作用。因此,选择电池时应充分考虑应用场景对飞行器动力的需求,并进行测试(采用不同类型电池的标准电芯进行串联、并联连接,并计算电池的质量与容量,最后进行飞行测试)。

3.2.3　实训六:常见电池接口的识别及锂聚合物电池的充放电测试

实训题目:

常见电池接口的识别及锂聚合物电池的充放电测试。

实训目的:

识别常见电池的接口;掌握多芯锂聚合物电池电压测试、充放电流程,锂离子电池的充放电特性曲线。

实训素材:

电池接头一批(田宫型、EC2 型、EC5 型、T 型、JST 型、AS150 型、XT60 型等,如图 3.7 所示);3S1P 20C 2 200 mA・h 锂聚合物电池一块、Icharger 308duo 充电器(其连线图如图 3.8 所示)。

实训原理:

锂聚合物电池对电压精度的要求很高,误差不能超过 1%。目前使用比较普遍的是额定电压为 3.7 V 的锂聚合物电池,该电池的充电终止电压为 4.2 V,则其允许的误差范围就是 0.042 V。锂聚合物电池通常都采用恒流转恒压的充电模式。充电开始时为恒流阶段,电池的电压较低,在此过程中,充电电流稳定不变;随着充电的继续进行,电池电压逐渐上升到 4.2 V,此时充电器应立即转入恒压充电,充电电压波动应控制在 1%以内,充电电流逐渐减

(a) 田宫型 (b) EC2型 (c) EC5型 (d) T型 (e) JST型 (f) AS150型 (g) XT60型

图 3.7　多种电池接头

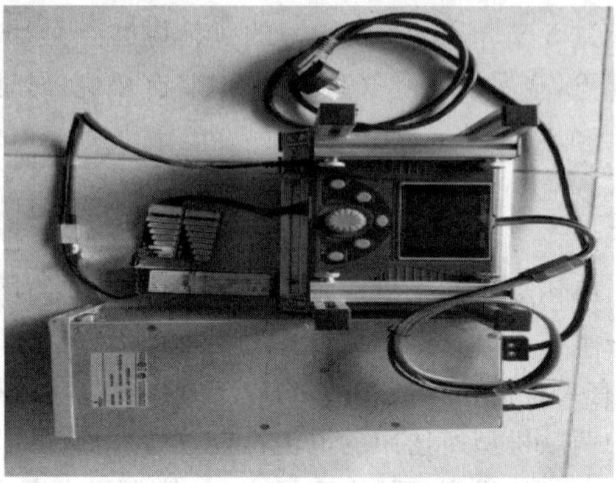

图 3.8　Icharger 308duo 充电器连线图

小；当电流下降到某一范围时，进入涓流充电阶段，涓流充电也称为维护充电，在维护充电状态下，充电器以某一充电速率继续给电池补充电荷，最后使电池处于充满状态。

电池在恒流放电条件下的工作电压变化可分为以下 3 个阶段：

① 放电初期，电压下降较快；

② 之后放电曲线逐渐趋于平缓，进入“平台区”，这一阶段持续的时间与电压值、环境温度、放电倍率、电池的质量和寿命等有关；

③ 放电末期，曲线呈直线下降的趋势。

实训步骤：

① 识别公母头电池接口。

② 锂聚合物电池充电实验，具体步骤如下：

第一，充电器先接输入直流电源，等充电器开启输出防打火保护后（通电 1 s 后）再连接电池；

第二，上电开机后系统会在首界面延时 5 s 后进入初始界面，延时期间按 TAB/SYS 键可进入“电源切换”界面来设置输入电源的类型，按其他任意键充电器直接进入初始界面；

第三，在初始界面中单击 STOP/START－x 按钮弹出 BATTERY MEMORY SELECTION 窗口，系统内置了 7 个程序；

第四，在 BATTERY MEMORY SELECTION 界面中单击 LiPo 所选程序进入 Run Program 界面，电流设为 2 A；

第五，单击 Yes 按钮开始运行程序；

第六，监测程序运行状态，每隔 1 min 记录下电池总电压、分块电池电压、容量数据；

第七，充电结束，拔掉电池，放置 3 min。

③ 锂聚合物电池放电实验，具体步骤如下：

第一，将已充好电的锂聚合物电池与充电器接好；

第二，进入充电器的放电程序界面，选择放电电流为 2.2 A；

第三，单击 Yes 按钮开始运行程序；

第四，监测程序运行状态，每隔 1 min 记录下电池总电压、分块电池电压、容量数据；

第五，放电结束，拔掉电池，放置 3 min；

第六，实验结束，整理仪器。

实训报告及要求：

① 按规范布局实训报告；

② 绘制锂聚合物电池的充放电特性曲线，结合锂聚合物电池的特性说明曲线的特点。

3.3　螺旋桨

3.3.1　螺旋桨产生的力及力矩

我们知道，像 747 大型客机、J10 战斗机等固定翼飞机之所以能够从地面起飞到天上，是因为在地面时，飞机的发动机推动它在地面滑跑，当飞机的滑跑速度达到一定值后，飞机的翅膀——机翼上会产生足够的空气升力（机翼下方的气流压力大于机翼上方的气流压力，因此压差作用在机翼上从而产生向上的升力），这个升力大于飞机本身的重力，那么飞机就脱离地面起飞了，然后发动机继续加大马力，使得飞机的速度进一步提高，进而飞上天空。

多旋翼无人机是靠所有螺旋桨的高速运转产生升力的，该原理实际上与固定翼飞机机翼产生升力的原理一样。图 3.9(a)所示为某螺旋桨的截面，可以发现该截面与固定翼飞机机翼的截面有相同的形状，其上桨面的曲率大，下桨面的曲率小，当螺旋桨高速转动时，桨面上下气流的速度会不同，进而在该段截面上产生压差。从螺旋桨的整体来看，会在螺旋桨旋转的上下表面形成压力差，进而形成升力，克服无人机自身重力而飞上天空，如图 3.9(b)所示。

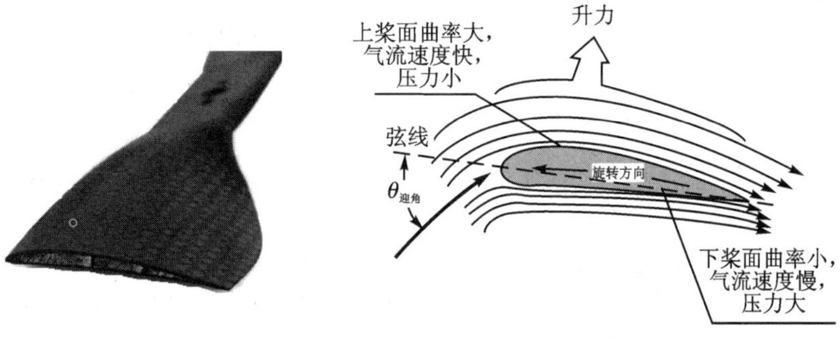

(a) 螺旋桨的截面形状　　(b) 产生升力的原理

图 3.9　螺旋桨的截面形状及产生升力的原理

另外，螺旋桨在旋转时会受到空气的阻力，即反扭力。根据力的作用是相互的原则，反扭力会推动飞行器以螺旋桨转动的反方向转动。我们定义由于反扭力使螺旋桨绕着转动轴逆向转动的力矩为反扭力矩。多旋翼无人机为了抵消螺旋桨的反扭力矩，需要其中一半的螺旋桨顺时针旋转，而另外一半螺旋桨逆时针旋转（这里涉及多旋翼无人机中正反桨的概念），而且两个方向旋转时产生的还是升力。当多旋翼无人机正常飞行时，各个螺旋桨所受到的反扭力正好相互抵消；但当多旋翼无人机需要转向时，刚好运用反扭力的原理。

根据前人的经验，当螺旋桨旋转时，其产生的升力 T 及反扭力矩 M 可以表示为

$$\left.\begin{aligned} T &= C_T \rho \left(\frac{N}{60}\right)^2 D_{\mathrm{p}}^4 \\ M &= C_M \rho \left(\frac{N}{60}\right)^2 D_{\mathrm{p}}^5 \end{aligned}\right\} \tag{3.1}$$

式(3.1)中，ρ 为飞行器所处环境的空气密度，跟温度、海拔高度有关，单位为 $\mathrm{kg/m^3}$；N 是螺旋桨的转动速度，单位为 r/min；D_{p} 是螺旋桨的直径，单位为 m；C_T 是升力系数，取决于螺旋桨的结构参数，当螺旋桨定下来后，在一定转速范围内是一个常数；C_M 是力矩系数，同样地，在一定转速范围内是一个常数。图 3.10 所示为螺旋桨转动时产生的升力及反扭力矩的示意图，其中，Ω 为螺旋桨转动的角速度，单位为 rad/s。当螺旋桨顺时针旋转时，产生的反扭力矩的方向为逆时针方向。

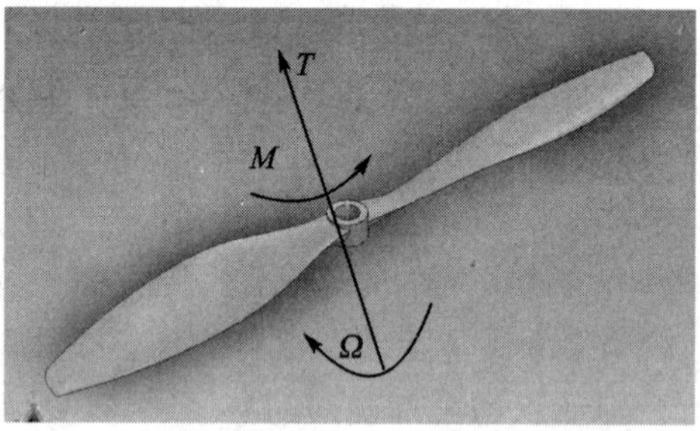

图 3.10　螺旋桨转动时产生的升力及反扭力矩

由式(3.1)可知，当多旋翼无人机选定螺旋桨后，螺旋桨的转速越快，产生的升力越大，因此可以靠电机加速转动来控制飞行器的机动（如快速上升、快速降落）。与此同时，相应的反扭力矩也变大了（依靠多旋翼无人机的动力布局能够抵消这方面的影响）。如果电机的转速一定，那么选择直径较大的螺旋桨能够获得更大的升力，同样的，反扭力矩也会变大。另外，当螺旋桨桨叶的数量增加时，也可以在同等条件下增加螺旋桨的升力。

需要注意的是，反扭力矩是需要靠电动机的转动加以克服的，而这又涉及电机的功率问题，有关内容将在 3.4 节中讨论。

在选择螺旋桨时，通常会看到桨叶上标注着 4 位数字或是两个数字相乘，这些数字代表着螺旋桨的规格。其中，前两位数（或前一个数字）表示螺旋桨的直径，后两位数（或后一个数字）表示螺旋桨的螺距，单位都是 in（英寸）。图 3.11 所示为双叶碳纤桨上的尺寸标识，22×6.6 表示该双叶碳纤桨的直径为 22 in，螺距为 6.6 in。

式(3.1)已经展示了螺旋桨直径的作用——载重大的多旋翼无人机要选择直径大的螺旋桨。那么螺距又起到什么作用呢？实际上螺距是体现在式(3.1)中的参数 C_T 及 C_M 上的。螺旋桨的桨叶都与旋转面之间存在夹角（见图 3.12），假设螺旋桨在一种不能流动的介质中旋

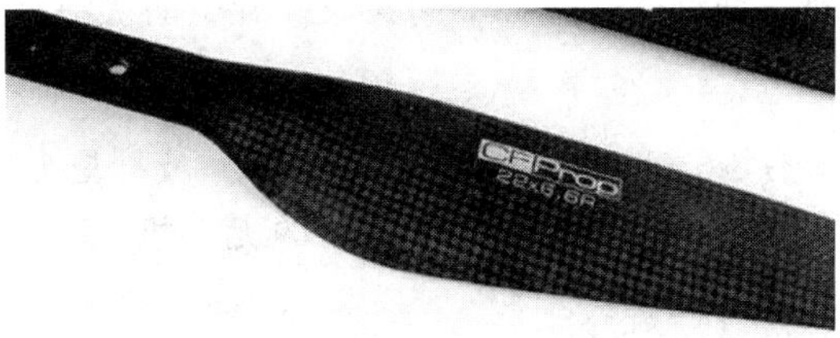

图 3.11　双叶碳纤桨上的尺寸标识

转，那么螺旋桨每转一圈，就会向前进一个距离，连续旋转就会形成一段螺旋（就好比一个螺丝钉拧一圈后，能够拧入的长度）。理论上的螺距指的是飞行器的旋翼或螺旋桨旋转一周（360°）时，向上或向前行走的距离，如图 3.13 所示。螺距越大前进的距离就越大，反之越小。因此，对于相同半径的螺旋桨，当转速一样时，在一定范围内，螺距越大，单位时间内螺旋桨前进的距离就越大；排气质量增加的越多，拉力也就越大。例如，1147 的效果比 1145 的效果好，但螺距不宜过大。

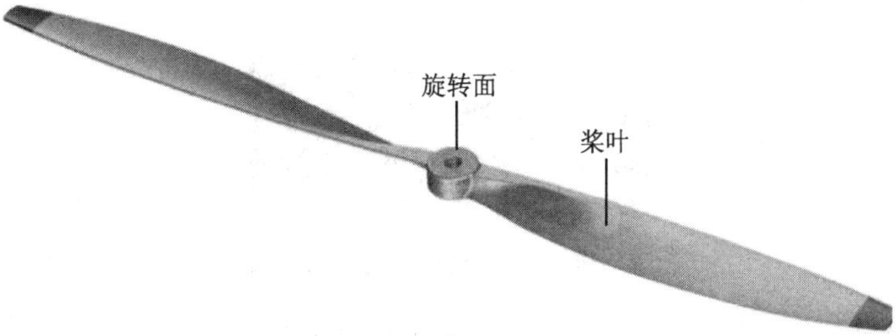

图 3.12　双叶螺旋桨桨叶与旋转面存在夹角

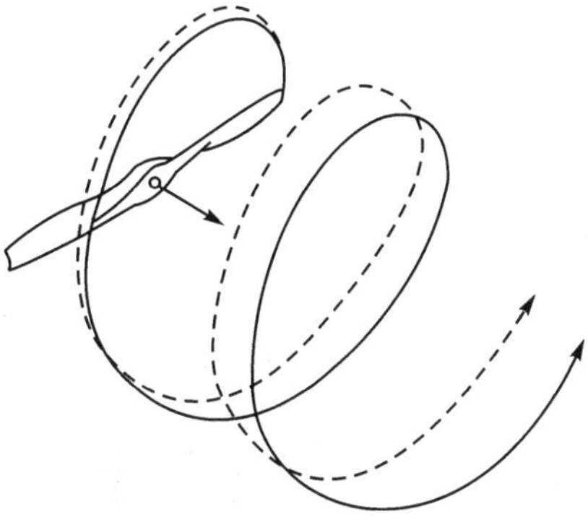

图 3.13　双叶螺旋桨的螺距示意图

3.3.2　多旋翼无人机常见的螺旋桨

在第 2 章介绍螺旋桨的结构设计时，我们强调螺旋桨需要有足够的刚度和对称性，以免引入偏心、颤振等不利因素。实际上，根据多旋翼无人机不同的任务需求催生了许多不同材质、不同类型的螺旋桨。市面上的多旋翼无人机的螺旋桨按照材质，主要有塑料桨、碳纤维尼龙桨、榉木桨、玻纤桨、碳纤维桨等，按照螺旋桨桨叶的数量，主要有单叶桨、双叶桨及三叶桨。以下主要以塑料桨、榉木桨及碳纤维桨这 3 种不同材质螺旋桨的优缺点进行比较说明。

1. 塑料桨

从塑料桨的用料来看，有 PC 塑料、ABS 塑料、碳尼龙、玻纤尼龙等。其中，PC 塑料、ABS 塑料多用在负载小的多旋翼无人机上，特别是消费级的无人机；而碳尼龙、玻纤尼龙等复合材料则更多地用在负载较大的无人机上。

一般的 PC 塑料桨和 ABS 塑料桨如图 3.14 所示。这类桨厚度比较薄，价格便宜，动平衡及流体力学设计一般。例如，图 3.14 中最下面一幅图所示的桨表面就比较粗糙。这种螺旋桨的特性分两种：一种特别脆，撞击硬物十分容易断裂；另一种则比较软，韧性比较强。塑料桨适合于玩具型或一般消费级的多旋翼无人机。

图 3.14　PC 塑料桨和 ABS 塑料桨

一般碳尼龙桨的价格比塑料桨的贵，桨身也比塑料桨的稍厚一些，气动性能比塑料桨好。例如，APC 碳尼龙桨(见图 3.15)，其优点是效率高，续航时间优于碳纤维桨和榉木桨，韧性高，寿命较长；其缺点是价格较高，另外由于桨身比较软，在大负载、高速飞、大拉力的情况下，桨会轻微变形产生颤振。对于多旋翼无人机，高频振动越小，控制的性能就越好，因此，碳尼龙桨一般也用于负载较小的场合。

2. 榉木桨

榉木桨(见图 3.16)的硬度高、质量较大，经过风干打蜡上漆以后不怕受潮。这种桨的振动极小，静平衡很好，桨尖不会弯曲，因而不会造成颤振，另外价格便宜。其不足之处在于，榉木桨的效率低于同尺寸的 APC 碳尼龙桨及碳纤维桨。

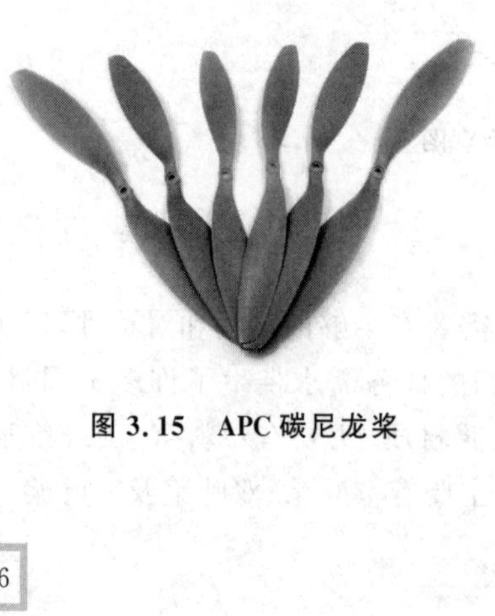

图 3.15　APC 碳尼龙桨

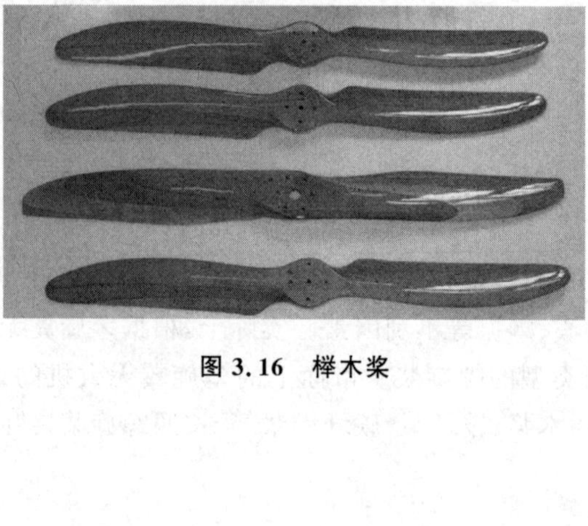

图 3.16　榉木桨

3. 碳纤维桨

碳纤维桨(见图 3.17)具有质地轻、硬度高、不变形、破风声小的特点。同时,由于碳纤维加工工艺灵活使得碳纤维桨的桨型很丰富,而且其效率优于榉木桨。对于大负载的多旋翼无人机,为满足其螺旋桨的尺寸及强度、刚度的要求,选择材料更多的是碳纤维材料或复合碳纤维材料。

图 3.17　碳纤维桨

综上所述,对于多旋翼无人机螺旋桨桨叶的选择,当负载较小时,可选择 APC 碳尼龙桨;当负载较大时,优先选择碳纤维桨,推荐选择如 APC、T-Motor、大疆等从事螺旋桨设计企业的产品。

对于三叶桨等多叶桨,由于桨叶的增加,电机的负载相对比较大,同等条件下续航时间较短,但由于推力变化快,因而灵敏度更高。另外,三叶桨比较适合在海拔较高、空气较稀薄的地带飞行。

需要注意的是,多旋翼无人机整机的质量应该小于所有电机螺旋桨提供最大动力的2/5。从表 3.1 中的机架对角距离可以发现,机型 1 相邻两只桨叶的桨尖距离约为 5 cm,机型 2 相邻两只桨的桨尖距离约为 3 cm。实际上,当桨尖的距离太近时,螺旋桨桨尖产生的气流会互相干扰。因此,桨尖距离保持在桨叶直径的 0.1 倍以上较好,但为了结构紧凑,桨尖距离又不宜过大(如可以保持在 0.15 倍桨叶直径)。

另外,多旋翼无人机为了实现反扭力矩的相互取消,一般相邻两个螺旋桨的旋转方向是相反的,但为了保证依旧产生升力,因此在桨叶的设计中有正反桨的概念。图 3.18 所示

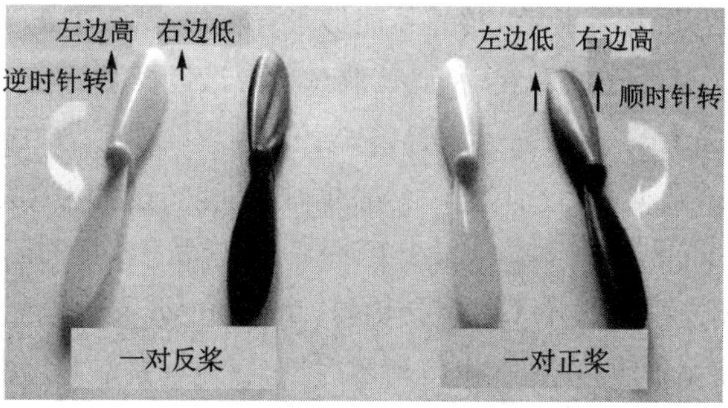

图 3.18　正反桨的识别示意图

为正反桨的识别示意图，当螺旋桨顺时针旋转产生向上的升力时为正桨（图中以单桨叶旋转时前缘高为特点），当螺旋桨逆时针旋转产生向上的升力时为正桨（图中以单桨叶旋转时前缘高为特点）。

3.3.3 实训七：螺旋桨升力、扭矩参数测试

实训题目：

螺旋桨升力、扭矩参数测试。

实训目的：

理解螺旋桨升力、扭矩大小与螺旋桨转速的关系，理解螺旋桨的参数（直径、螺距）对升力的意义，掌握正反桨的识别方法。

实训素材：

无人机动力系统综合测试平台一个；3S 14.8 V 2 200 mA·h锂聚合物电池一组；一批不同规格的螺旋桨（8045（正桨）、9047（正桨）、1045（正桨））一批；朗宇 2212 KV980 电机一个；好盈 30 A 电调 1 个。

实训原理：

对于一个给定的螺旋桨，可知，螺旋桨旋转产生的升力及反转力矩的大小与螺旋桨转速的平方成正比。当电机的转速相同、螺旋桨的螺距一样时，螺旋桨的直径越大，产生的升力就越大。

实训步骤：

① 确认无人机动力系统综合测试平台上的电机是否为朗宇 2212 KV980 电机，如果不是，则进行步骤②（见图 3.19(a)）至步骤⑤；如果是，则直接进行步骤⑥。

② 将 3 个电机插头断开（见图 3.19(b)）。

③ 用配件中的内六角扳手和双头呆扳手将图 3.19(b)中的“螺钉”和“螺母”进行拆卸，拆卸时注意回收零件“支柱”，防止其丢失。

④ 再用内六角扳手将零件“固定板”和“电机”进行拆卸分离（见图 3.19(b)）。

⑤ 将待测电机按步骤④～②进行操作安装。

⑥ 安装螺旋桨（见图 3.19(c)）。

⑦ 确保各个线材连接、固定可靠，传感器能够正常工作，然后插上电机插头，接通电源。

⑧ 测试电机转向是否为逆时针转动，确认测试平台试运行是否正常，具体步骤如下：

第一，打开上位机软件，进入“采集设置”选项卡，在“采集设置”中选择相应的串口号，将“采集类型”设置为“全部数据-内置油门”，将“采集时间间隔”设置为 100 ms，其余设置项暂不调整（见图 3.19(d)）。

第二，切换到“控制”选项卡，单击“运行”按钮，单击“启动/停止”按钮，当采集灯和运行灯亮时，依次单击“拉力扭矩清零”按钮、“电流清零”按钮、“耗电量清零”按钮，然后单击 “油门开启”按钮，单击“油门增加”按钮，如图 3.19(e)所示。慢慢地增大油门，直到电机开始转动，并有相应的曲线与参数生成。注意，此时电机的旋转方向应是逆时针，如果旋转方向不正确，请

立即使电机停止转动，并断开电源，调换电调与电机的任意两根接头（见图 3.19(f)）。若有其他不规则晃动或异响，则应立刻关闭系统、断开电源进行检查。最后将油门调至最低，单击“油门停止”按钮。

⑨ 测试平台试运行没问题后，人员远离螺旋桨正前方，确认平台处于运行和启动状态，然后单击“新建工程/存储”按钮，将动力数据文件保存到桌面，依次单击“拉力扭矩清零”按钮、“电流清零”按钮、“耗电量清零”按钮，单击 “油门开启”按钮，手动操控油门量从低值处缓慢增加至电机转速不随油门量的变化而变化，再缓慢下降到最低值，重复 4 次。最后，单击“油门停止”按钮，单击“启动/停止”按钮，单击“运行”按钮，停止运行平台，如图 3.19(g)所示。

⑩ 停止测试，记录实验数据，如图 3.19(h)所示。

⑪ 断电，更换不同的螺旋桨，重复步骤⑥～⑫；

⑫ 实验结束，整理仪器。

实训报告及要求：

① 按规范布局实训报告；

② 利用最小二乘法拟合出升力、扭矩与转速平方的系数，数据处理要有表格、图形，须附上 MATLAB 处理程序。

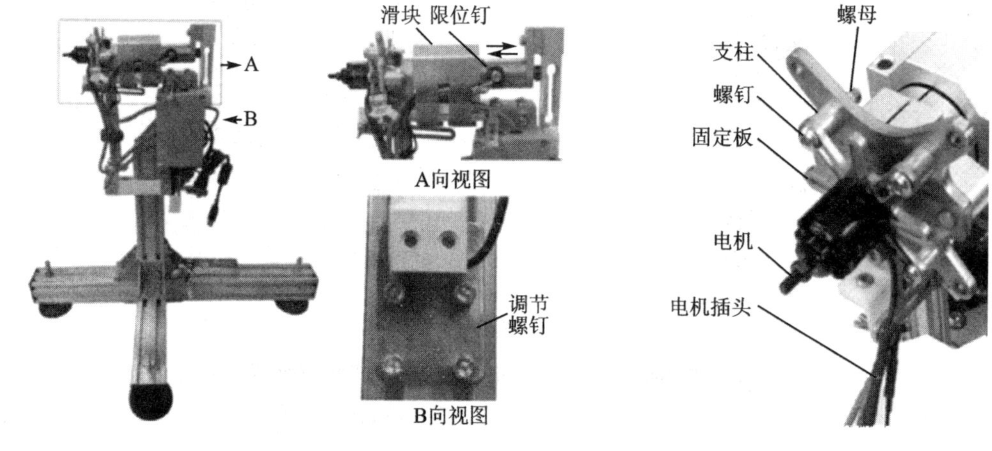

(a) 确认电机型号　　(b) 断开3个电机的插头

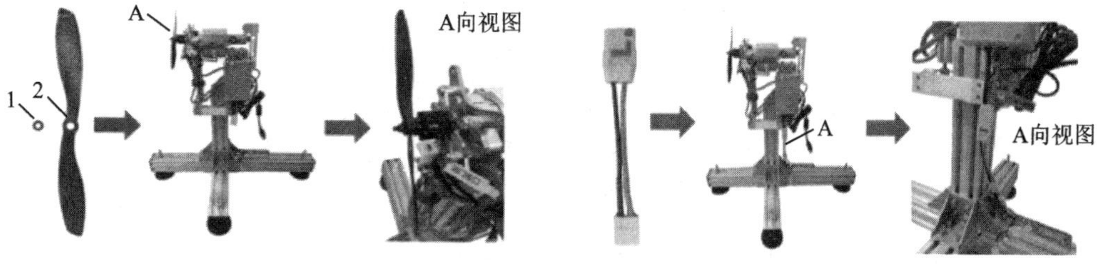

(c) 安装螺旋桨

图 3.19　升力及扭矩测试步骤示意图

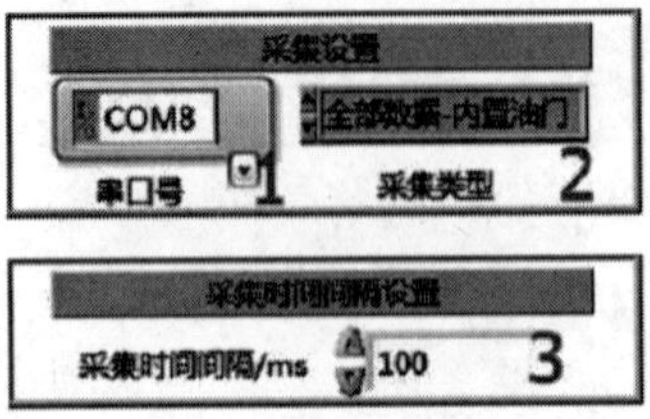

(d) 设置相应参数

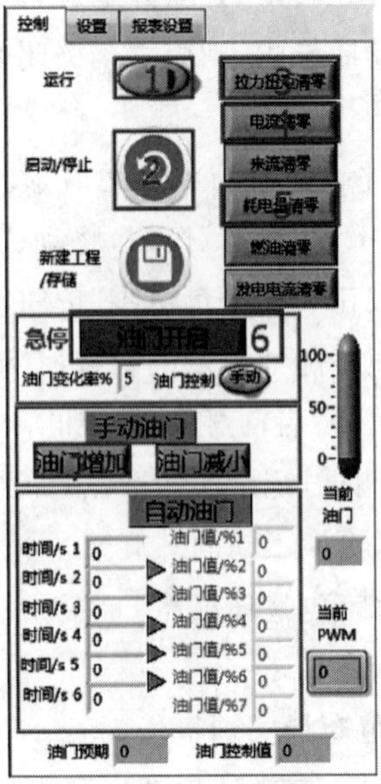

(e) 在“控制”选项卡中进行相应操作(1)

(f) 调换电调与电机的任意两根接头

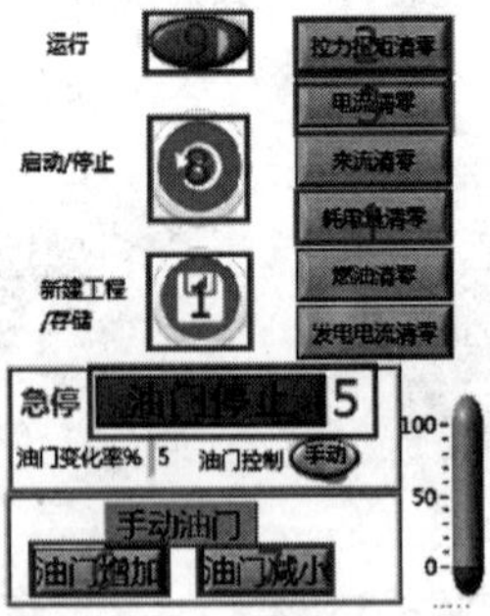

(g) 在“控制”选项卡中进行相应操作（2）

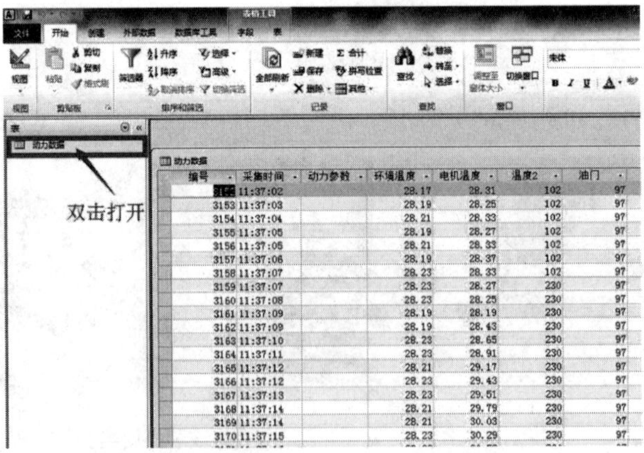

(h) 记录实验数据

图 3. 19　升力及扭矩测试步骤示意图(续)

3.4　无刷电机与电调

电机是多旋翼无人机的主要动力来源，同时也与飞行器的飞行姿态密切相关。电机的转速快慢决定了飞行器可以承载的质量，同时，其转速改变的快慢会影响飞行器姿态的变换。根据电机工作电源的不同，电机可分为直流电机和交流电机，其中，直流电机按结构及工作原理可分为无刷直流电机和有刷直流电机。多旋翼无人机的电机常采用无刷直流电机，本书主要介绍外转子直流无刷直流电机。

3.4.1　无刷直流电机的参数

1. KV 值

有刷直流电机是根据额定工作电压来标注额定转速的，而无刷直流电机引入了 KV 值的概念，让用户可以直观地知道无刷直流电机在具体的工作电压下的具体转速。无刷直流电机 KV 值定义为：转速/伏特，意思为输入电压每增加 1 V，无刷直流电机空转转速增加的转速值。例如，标称值为 1 000 KV 的外转子无刷直流电机，在 11 V 的电压条件下，最大空载转速为 11 000 r/min。无刷直流电机的转速与电压呈正比关系，电机的转速会随着电压的上升而线性上升。

2. 型　号

小型多旋翼无人机的无刷直流电机一般以 4 位数字＋电机的 KV 值表示其型号。表 3.1 中的 T-MOTOR 外转子无刷直流电机的型号为 T-MOTOR MN3508－29 KV380，其中，35 表示电机定子的直径，08 表示定子的高度。在电机直径、KV 值都一样的情况下，电机越高的电机自然功率越大，功率越大的电机自然能够带动的负载越大。前面两位数字越大，电机的直径就越大；后面两位数字越大，电机就越长，直径与高度的数值越大，则电机的功率就越大。此类电机适合起飞质量大的多旋翼无人机。

3. 额定电压

额定电压是指无刷直流电机适合的工作电压。其实，无刷直流电机适合的工作电压非常广，额定电压是在指定了负载条件的情况下得出的。例如，指定 2212－850KV 电机带 1045 螺旋桨，其额定电压就是 11 V。如果减小负载，例如带 7040 螺旋桨，那该电机完全可以工作在 22 V 电压下。但是，额定电压不是无限上升的，其主要受制于电子控制器支持的最高电压。

同系列同外形尺寸的无刷直流电机，根据绕线匝数的多少会表现出不同的 KV 特性。绕线匝数多的，KV 值低，最高输出电流小，扭矩大；绕线匝数少的，KV 值高，最高输出电流大，扭矩小。设某一电机输入功率一定 ，当电机具有大 KV 值时，相同输入电压下会产生大转速，但在电流一定的情况下产生小转矩，故选用小螺旋桨；当输入功率一定时，相同输入电压下会产生小转速，大转矩，所以选用大螺旋桨。

表 3.3 和表 3.4 所列为同时带动 APC9047 桨的拉力、效率测试结果，对比可以看出，当产生 500 g（注：拉力在航模中最常用的表示还是质量，而把拉力的单位换成质量的单位更加便于理解，使用上更方便些）拉力时，KV980 的电流为 7.1 A，而 KV1250 的电流为 7.4 A，因此 KV980 的力效更高。

4. 转　矩

转矩是指电机中转子运动时产生的使机械负载转动的力矩，我们通常理解为电机转动时力量的大小。

5. 转　速

转速是指电机转子每分钟转动的圈数，一般用 r/min 来表示。

表 3.3　朗宇 X2212－KV1250 APC9047 桨的拉力、效率测试结果

电压/V	电流/A	拉力/g	功率/W	力效/(g·W^{-1})
11.1	0.8	100	8.88	11.261 261 26
	2.1	200	23.31	8.580 008 58
	3.5	300	38.85	7.722 007 722
	5.4	400	59.94	6.673 340 007
	7.4	500	82.14	6.087 168 249
	9.3	600	103.23	5.812 263 877
	11.6	700	128.76	5.436 470 954
	14.1	800	156.51	5.111 494 473
	18.4	990	204.24	4.847 238 543

表 3.4　朗宇 X2212－KV980 APC9047 桨的拉力、效率测试结果

电压/V	电流/A	拉力/g	功率/W	力效/(g·W^{-1})
11.1	0.9	100	9.99	10.010 010 01
	2.1	200	23.31	8.580 008 58
	3.6	300	39.96	7.507 507 508
	5.2	400	57.72	6.930 006 93
	7.1	500	78.81	6.344 372 542
	9.2	600	102.12	5.875 440 658
	10	650	111	5.855 855 856

6. 最大电流

最大电流是指在不影响电机安全的状态下，所能承受的电流的一个极限值。该值一般只允许短时间内出现，否则会引起电机的损坏。

7. 无刷直流电机电压、功率和效率

电机输出功率＝转速×扭矩，因此在同等功率下，同一个电机的转速越高，其扭矩就越低。这个规律通用于所有的电机。例如：2212－850KV 电机，在 11 V 的情况下可以带动 1045 桨，如果将电压提高一倍，其转速也提高一倍，此时负载仍然是 1045 桨，那么该电机将很快因为电流和温度的急剧上升而被烧毁。

每个电机都有自己的力量上限，最大功率就是这个上限，如果工作情况超过了这个最大功率，就会导致电机高温烧毁。当然，这个最大功率是在指定了工作电压的情况下得出的，如果是在更高的工作电压下，则合理的最大功率也将提高。这是因为 $Q=I^2R$，导体的发热与电流的平方成正比，在更高的电压下，如果是同样的功率，则电流将下降，导致导体的发热减少，最大功率增加。这也解释了为什么在专业的航拍飞行器上大量使用 22.2 V 甚至 30 V 电池了。高压下的无刷直流电机电流小、发热小、效率更高。

对于电机，工作越轻松，效率就越高，利用前面的理论就是发热损耗低。随着电机工作的越来越累，它的效率会迅速降低。所以在多旋翼无人机选择电机时，必须选择合适功率电机以及与它搭配的螺旋桨，使电机工作在相对轻松的状态。一般来说，悬停时工作功率是最大功率的 30%～45%比较好，这样就有更多的富余功率用于机动或是抗风干扰。

另外，应尽量避免大机型用低压电池的情况，因为那样会造成工作电流相对较高，从而铜耗较大；同时，也要避免小型飞机用高压电池，因为那样电池的质量太大。

综上所述，无刷直流电机的使用原则如下：

① 大 KV 值配小桨，小 KV 值配大桨；

② 多旋翼无人机选择电机时必须选择合适功率的电机以及与它匹配的螺旋桨；

③ 机型较大的多旋翼无人机选用大电机配高压电池，小机型的多旋翼无人机选用小电机配低压电池。

3.4.2　外转子无刷直流电机的工作原理

如图 3.20 所示，外转子无刷直流电机的一片片磁钢贴在外壳上，转轴和外壳固定在一起形成转子，定子绕组固定在底座上。当电机运行时，整个外壳在转动，而中间的线圈定子不动。外转子无刷直流电机较内转子无刷直流电机来说，转子的转动惯量要大很多(因为转子的主要质量都集中在外壳上)，所以转速较内转子无刷直流电机要慢，通常 KV 值在几百到几千之间。

图 3.20　外转子无刷直流电机的解剖图

无刷直流电机就是依靠改变输入定子线圈的电流频率和波形，在绕组线圈周围形成一个绕电机几何轴心旋转的磁场，该磁场驱动转子上的永磁磁钢转动，电机就转起来了。电机的性能与磁钢数量、磁钢磁通强度、电机输入电压的大小等因素有关，更与无刷直流电机的控制性能有很大关系。因为输入的是直流电，所以需要电调将其变成三相交流电，另外，还需要从遥控器接收机那里接收控制信号，控制电机的转速，以满足模型的使用要求。总的来说，无刷直流电机的结构还是比较简单的，真正决定其使用性能的还是无刷电调。

图 3.21 所示为 12 绕组 14 极外转子无刷直流电机的转动原理，当每相通电时，仅有两对外极与两对绕组位置对准，其余的都有偏差。例如，当 AB 相通电时，图 3.21(a)中的 1、2 绕组与转子磁钢中心对准，3、4 绕组与转子有偏差；当 AC 相通电时，图 3.21(b)中的 3、4 绕组产生磁场，磁钢的 N 极与定子的 S 极有相吸对齐的趋势，磁钢的 S 极与定子的 N 极有相吸对齐的趋势，于是转子就要转一个角度，使 3、4 绕组与转子中心对准(消除 AB 相通电时的偏差)，于是电机就转了一个角度。如此，当按照 AB→AC→BC→BA→CA→CB 的顺序以一定的频率进行通电换相时，电机就连续转动起来了，而频率就决定电机的转速。当然，如果想让电机反转，那么电子方法是按电机正转倒过来的次序通电；而物理方法则直接对调任意两根线，假设 A 和 B 对调，那么顺序就是 BA→BC→AC→AB→CB→CA。大家有没有发现，这里的顺序就完全倒过来了。

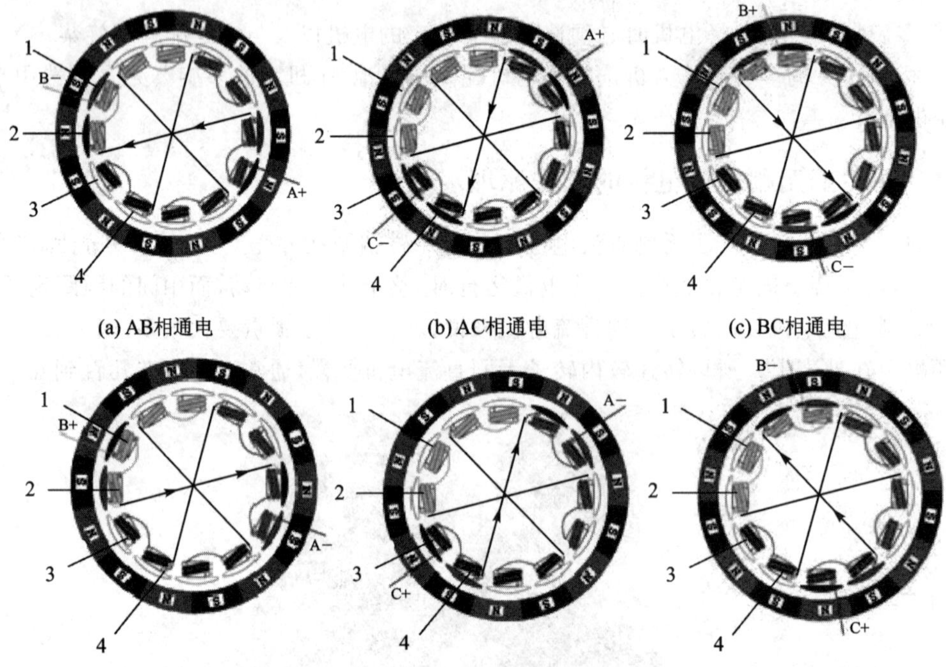

(a) AB相通电　(b) AC相通电　(c) BC相通电

(d) BA相通电　(e) CA相通电　(f) CB相通电

1,2,3,4—绕组

图 3.21　12 绕组 14 极外转子无刷直流电机的转动原理

3.4.3 电　调

电调是电动多旋翼无人机的主要部件之一，其主要有两个作用：一是将电池电压降到 5 V，适合于接收机和其他舵机工作的电压；二是可以将输入的直流电转换为三相交流电以供电机使用，从接收机或飞控系统获得控制信号，控制无刷电机的转速，从而改变飞机的速度。

电调与无刷电机、电池、飞控板(接收机)的连线如图 3.22 所示。其中，电调的电源输入线与电池连接，注意电源的极性；电调的 3 根信号输入线与飞控板或接收机的信号输出端连接，以获取控制信号；电调的 3 根电源输出线与无刷电机相连，以控制电机的转速。

作为多旋翼无人机的一个重要部件，在多旋翼无人机的设计过程中，我们既要熟悉电调的主要性能参数，也要掌握电调的操作方法，更要明确电调与电机、电调与电池之间的匹配关系。

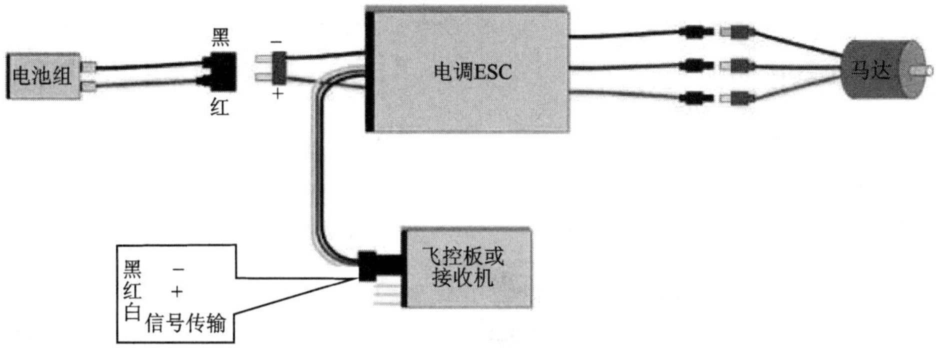

图 3.22　电调与无刷直流电机、电池、飞控板的连线图

1. 电调的参数 A

电调的参数 A 是指电调可稳定调整输出的电流量。例如，30 A 的电调最大可稳定输出 30 A 的电流，如果超标准使用，则会导致电调烧毁。电调的调整输出电流值越大，电调的质量也就越大。在选择电调时，实际上是根据多旋翼无人机的起飞质量选择的，起飞质量越大，需要的极限电流就越大，相应的电调也就需要越大。

2. BEC 和 UBEC 的区别

在选择电调时，电调上有“BEC”和“UBEC”的标志，二者究竟有什么区别呢？

BEC(Battey Elimination Circuit，免电池电路)大多采用线性稳压方式，其优点是线路简单、体积小，只要一个稳压管就可以；但其缺点是转换效率不高，稳压的时候能量损耗大(线性稳压效率一般只有 65%～70%)，所以在工作过程中稳压管会很烫。由于 BEC 效率不高，输出电流最大也就 1 A 左右，因而无法满足大电流要求。

UBEC(Ultra Battery Elimination Circuit)是针对 BEC 的缺点所开发出的体积更大、输出电流更强的稳压模块，以满足大功率舵机的需求。其改用开关电源的方式来稳压，转换效率高(做得好的甚至能达到 98%)，稳压过程损耗小，发热降低。开关电源虽然有诸多优点，但元件过多使它体积偏大，并产生较强的电磁干扰，所以 UBEC 的说明书上一般都会建议将 UBEC 放置在离接收机或飞控系统较远的地方。好盈带 UBEC 功能 60A 电调如图 3.23 所示。

图 3.23　好盈带 UBEC 功能 60A 电调

3. 电调的编程

电调有很多功能模式，利用编程可以直接将电调连接至遥控接收机的油门输出通道上(通常是 3 通道)，按说明书的介绍(见图 3.24)在遥控器上通过搬动摇杆进行设置(一般包括 4 个步骤：进入编程模式，选择设定项，选择参数值，退出设定)。通过遥控器设置电调一定要接上电机，因为说明书上所说的“哔哔”类的声音是通过电机发出来的。对于多旋翼无人机的一键启动，是因为在飞控系统中的软件内集成了电调的编程功能，这样就不需要遥控器了。

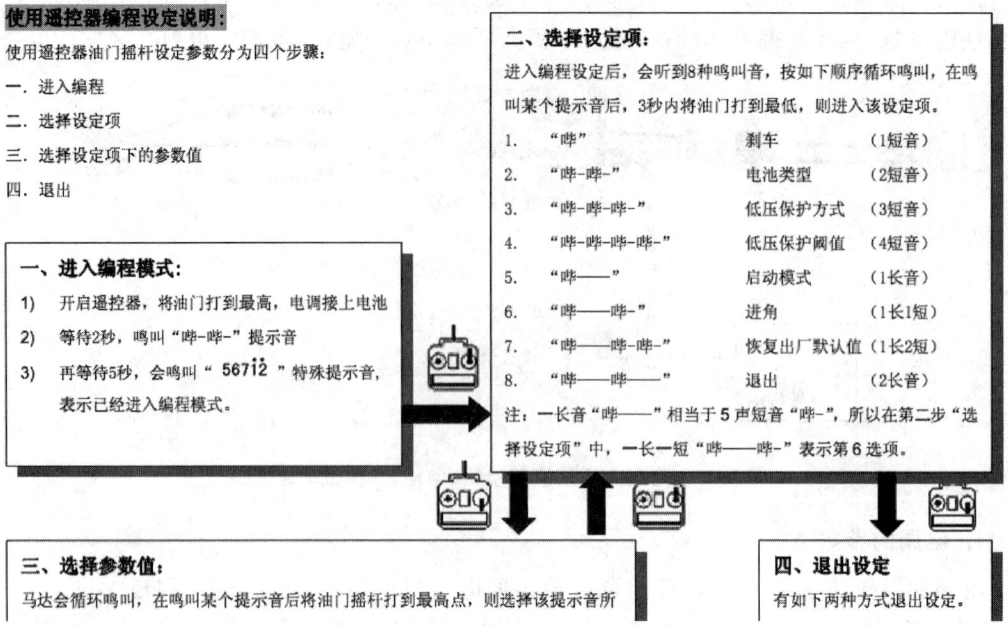

图 3.24　使用遥控器进行电调编程设定说明

电调分为快速响应和慢速响应两种，多旋翼无人机需要快速响应的电调，可以通过编程来设置响应速度。为了保险起见，一定要将购买的电调设置一致，否则容易因为电调的启动模式不一致而使有的电机转得快，有的电机转得慢。

4. 电池和电调的搭配

电池和电调进行搭配时需要注意以下几个原则：

① 电池的电压一定不能超过电调的最高承载电压。

② 电池的电流持续输出应大于电调的最大持续电流输出。以 2 200 mA·h/20C 电池为例，它的最大输出电流是(2 200×20/1 000)A＝44 A，如果电调小于 44 A，则配合起来没问题。

③ 电机的工作电压由电调决定，而电调电压由电池输出决定，所以电池的电压要等于或小于电机的最大工作电压。

④ 电调的最大工作电压不能超过电机能承受的最大工作电压。

5. 电机和电调的搭配

在确定了合适的电机后，需要依据该电机确定电调的最大电流，然后再挑选电调和电池。电调的输出电流必须大于电机的最大电流，电池的输出电流也一样要大于电机的最大电流，而且越大越好。例如，电机带螺旋桨的最大负载电流是 20 A，那么就必须选择输出电流在 20 A 以上的电调，而且越大越保险。

电池的选择和电调一样，其输出电流也是越大越好。电池的放电电流达不到电调的电流时电调就发挥不了最高性能，而且电池会发热，甚至爆炸，所以一般情况下都需要电池的电流大于电调的电流。

3.4.4 实训八：电机与螺旋桨的匹配测试实验

实训题目：

电机与螺旋桨的匹配测试实验。

实训目的：

理解无刷直流电机“大 KV 值配小桨，小 KV 值配大桨”的使用原则。

实训素材：

无人机动力系统综合测试平台一个；不同规格的螺旋桨(9047，1045)两种；3S 14.8 V 2 200 mA·h 锂聚合物电池一组；朗宇 2212 KV980 及 KV1250 电机各一个；好盈 30A 电调一个。

实训步骤：

① 确认无人机动力系统综合测试平台上的电机是否为朗宇 2212 KV980 电机，如果不是，则进行步骤②(见图 3.19(a))至步骤⑤；如果是，则直接进行步骤⑥。

② 将 3 个电机插头断开(见图 3.19(b))。

③ 用配件中的内六角扳手和双头呆扳手将图 3.19(b)中的“螺钉”和“螺母”进行拆卸，拆卸时注意回收零件“支柱”，防止其丢失。

④ 再用内六角扳手将零件“固定板”和“电机”进行拆卸分离(见图 3.19(b))。

⑤ 将待测电机按步骤④～②进行操作安装即可。

⑥ 安装 9047 螺旋桨(见图 3.19(c))。

⑦ 确保各个线材连接、固定可靠，传感器能够正常工作，然后插上电机插头，接通电源。

⑧ 测试电机转向是否为逆时针转动，确认测试平台试运行是否正常，具体步骤如下：

第一，打开上位机软件，进入“采集设置”选项卡，在“采集设置”中选择相应的串口号，将“采集类型”设置为“全部数据-内置油门”，将“采集时间间隔”设置为 100 ms，其余设置项暂不调整(见图 3.19(d))。

第二，切换到“控制”选项卡，单击“运行”按钮，单击“启动/停止”按钮，当采集灯和运行灯亮时，单击“拉力扭矩清零”按钮、“电流清零”按钮、“耗电量清零”按钮，然后单击“油门开启”按钮，单击“油门增加”按钮，如图 3.19(e)所示。慢慢地增大油门，直到电机开始转动，并有相应的曲线与参数生成。注意，此时电机的旋转方向应是逆时针，如果旋转方向不正确，请立即使电机停止转动，并断开电源，调换电调与电机的任意两根接头(见图 3.19(f))。若有其他不规则晃动或异响，则应立刻关闭系统、断开电源进行检查。最后将油门调至最低，单击“油门停止”按钮。

⑨ 测试平台试运行没问题后，人员远离螺旋桨正前方，确认平台处于运行和启动状态，然后单击“新建工程/存储”按钮，将动力数据文件保存到桌面，依次单击“拉力扭矩清零”按钮、“电流清零”按钮、“耗电量清零”按钮，单击“油门开启”按钮，手动操控油门量从低值处缓慢增加至电机转速不随油门量的变化而变化，再缓慢下降到最低值，重复 4 次。最后，单击“油门停止”按钮，单击“启动/停止”按钮，单击“运行”按钮，停止运行平台，如图 3.19(g)所示。

⑩ 停止测试，记录实验数据，如图 3.19(h)所示。

⑪ 断电，更换 1045 螺旋桨，重复步骤⑦～⑩。

⑫ 断电，更换 KV1250 电机，重复步骤②～⑪。

⑬ 实验结束，整理仪器。

实训报告及要求：

① 按照表 3.3 和表 3.4 整理数据；

② 用数据说明“大 KV 值配小桨，小 KV 值配大桨”的原则。

思维训练

1. 简述多旋翼无人机动力源的种类。

2. 简述常见电池的优缺点。

3. 锂离子电池的充放电需要注意哪些方面？锂聚合物电池的参数有哪些，各具有什么含义？

4. 螺旋桨旋转时产生的升力与哪些因素有关？可以采取哪些措施提高升力？

5. 螺旋桨有哪些材料类型？

6. 外转子无刷直流电机是怎么工作的？多旋翼无人机的外转子无刷直流电机的选择原则是什么？

7. 无刷直流电机与螺旋桨的搭配遵循什么原则？

8. 电调的作用是什么？选择电调时需要注意哪些方面？

第4章 多旋翼无人机传感系统

引言：探险者外出探险时，会对周边的环境进行实时掌握。比如，要知道自身当前所处的地理位置、当前的探险速度、已经探险的距离、离目的地的距离，以及路途中碰到悬崖峭壁该怎么越过去等。探险者在前行时，一方面，人类自身耳蜗存在的陀螺特性会帮助其平衡前进；另一方面，为了安全，探险者还会随身携带 GPS 全球定位系统、气压高度计、指南针等便携式设备。那么，多旋翼无人机作为一种空中机器人，在外出时也应该知道自身的飞行状态——在哪里？飞行速度有没有超速？有没有平稳飞行（会不会歪歪扭扭）？周边环境如何？因此，多旋翼无人机也需要配备导航传感系统。本章将介绍多旋翼无人机常用到的姿态、位置、速度传感器的基本原理、使用方法及其在无人机上的数据融合。

4.1 概 述

多旋翼无人机在飞行过程中的信息主要有两大类：一类是反映飞行器飞得稳不稳的信息，主要有沿着飞行器 3 个互相垂直方向的欧拉角（姿态角）及角速率；另一类是反映飞行器在三维空间中的位置、速度及自身加速度的信息。这两大类信息都是需要通过传感器测量来得到的。其中，姿态角通常用欧拉角表示。为了便于后续内容描述，本节先介绍几个基本概念：坐标系、欧拉角、坐标变换矩阵等。

1. 坐标系

无人机常用的坐标系有地心惯性坐标系、地球坐标系、本地制导坐标系、导航坐标系和飞行器本体坐标系 5 种坐标系，下面将分别进行定义。图 4.1 所示为地心惯性坐标系、地球坐标系和导航坐标系的示意图，图中 Ω 为地球自转角速率，R 为地球半径，L、λ 及 h 分别为无人机所在位置的经度、纬度及海拔高度。

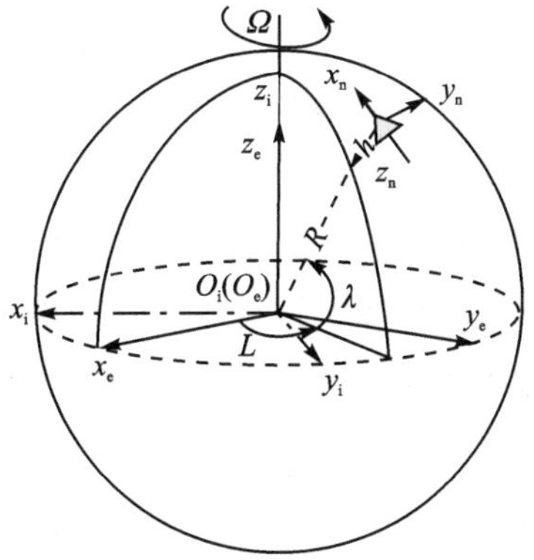

图 4.1 地心惯性坐标系、地球坐标系和导航坐标系示意图

地心惯性坐标系 $\mathbf{S}^{i}(O_{i}-x_{i}y_{i}z_{i})$：原点位于地心，$x_{i}$ 轴和 y_{i} 轴位于赤道平面，z_{i} 轴穿越地球北极点。

地球坐标系 $\mathbf{S}^{c}(O_{c}-x_{c}y_{c}z_{c})$：原点位于地心，$x_{c}$ 轴穿越本初子午线与赤道的交点，y_{c} 轴穿越东经 90°子午线与赤道的交点，z_{c} 轴穿越地球北极点，与地球固联。地球坐标系随地球转动，地球上任意点的地球坐标都固定不变。

导航坐标系 $\mathbf{S}^{n}(O_{n}-x_{n}y_{n}z_{n})$：原点位于飞行器质心，$x_{n}$ 轴、y_{n} 轴、z_{n} 轴分别指向当地北向、东向和地向。

本地制导坐标系 $\mathbf{S}^{l}(O_{l}-x_{l}y_{l}z_{l})$：原点位于飞行器起飞点，$x_{l}$ 轴、y_{l} 轴、z_{l} 轴分别指向当地北向、东向和地向。本地制导坐标系与导航坐标系仅原点不同，坐标轴方向一致。

图 4.2 所示为本地制导坐标系、导航坐标系和本体制导坐标系的示意图，同时也标注了无人机的一些状态量。当多旋翼无人机的飞行时间和范围均较小时，可近似将导航坐标系及本地制导坐标系当作惯性坐标系来处理，而忽略掉地球自转、公转等因素。

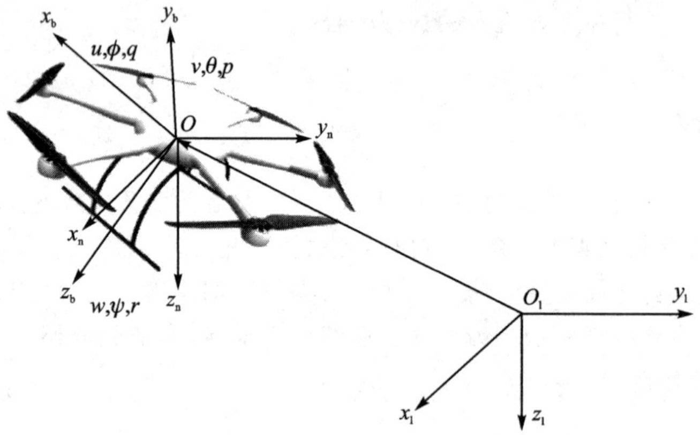

图 4.2　本地制导坐标系、导航坐标系及飞行器本体制导坐标系示意图

飞行器本体坐标系 $\mathbf{S}^{b}(O_{h}-x_{b}y_{b}z_{b})$：原点固定于飞行器的质心处；$x_{b}$ 轴沿飞行器纵轴指向前方；z_{b} 轴在飞行器对称平面内，垂直于 x_{b} 轴指向下方；y_{b} 轴垂直于飞行器对称平面，与 x_{b} 轴和 y_{b} 轴构成右手坐标系。飞行器本体坐标系随飞行器一起做线运动与角运动。一般情况下，在飞行器本体坐标系下描述飞行器的角运动是比较方便的。

2. 欧拉角

飞行器本体坐标系 $\mathbf{S}^{b}$ 与导航坐标系 $\mathbf{S}^{n}$ 之间的关系可以用 3 个欧拉角（滚转角 ϕ、俯仰角 θ 和偏航角 ψ）来表示。从 $\mathbf{S}^{n}$ 到 $\mathbf{S}^{b}$ 的坐标变换可以表示为先后 3 个旋转变换（仅考虑旋转变换时，如图 4.3 所示）：首先绕 z_{n} 轴转动 ψ 得到坐标系 $O-x'y'z_{n}$，然后绕 y'轴转动 θ，最后绕 x_{b} 轴转动 ϕ。

3. 坐标变换矩阵

图 4.4 所示为坐标系 $\mathbf{S}^{n}$ 绕 z_{n} 轴转动 ψ 得到的坐标系 $O-x'y'z_{n}$ 在 $O-x_{n}y_{n}$ 平面上的投影示意图。假设空间一点在坐标系 $\mathbf{S}^{n}$ 中的三维坐标表示为 (x_{1},y_{1},z_{1})，在坐标系 $O-x'y'z_{n}$

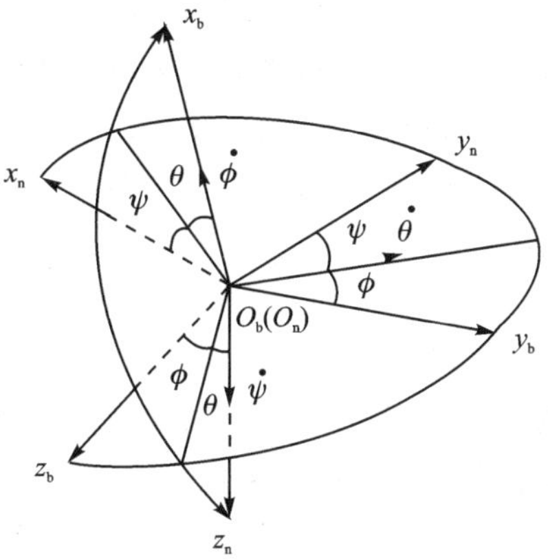

图 4.3　导航坐标系到飞行器本体坐标系的旋转变换

的三维坐标表示为(x_2, y_2, z_2)，那么这两个坐标表示有如下关系：

$$\begin{bmatrix} x_2 \\ y_2 \\ z_2 \end{bmatrix} = \begin{bmatrix} x_1\cos\psi + y_1\sin\psi \\ -x_1\sin\psi + y_1\cos\psi \\ z_1 \end{bmatrix} = \begin{bmatrix} \cos\psi & \sin\psi & 0 \\ -\sin\psi & \cos\psi & 0 \\ 0 & 0 & 1 \end{bmatrix} \begin{bmatrix} x_1 \\ y_1 \\ z_1 \end{bmatrix} \tag{4.1}$$

于是，从 $\mathbf{S}^n$ 到 $\mathbf{S}^b$ 的坐标变换矩阵（方向余弦矩阵）$\boldsymbol{C}_n^b$ 为

$$\begin{aligned} \boldsymbol{C}_n^b &= \begin{bmatrix} 1 & 0 & 0 \\ 0 & \cos\phi & \sin\phi \\ 0 & -\sin\phi & \cos\phi \end{bmatrix} \begin{bmatrix} \cos\theta & 0 & -\sin\theta \\ 0 & 1 & 0 \\ \sin\theta & 0 & \cos\theta \end{bmatrix} \begin{bmatrix} \cos\psi & \sin\psi & 0 \\ -\sin\psi & \cos\psi & 0 \\ 0 & 0 & 1 \end{bmatrix} \\ &= \begin{bmatrix} \cos\theta\cos\psi & \cos\theta\sin\psi & \sin\theta \\ \sin\phi\sin\theta\cos\psi - \cos\phi\sin\psi & \sin\phi\sin\theta\sin\psi + \cos\phi\cos\psi & \sin\phi\cos\theta \\ \cos\phi\sin\theta\cos\psi + \sin\phi\sin\psi & \cos\phi\sin\theta\sin\psi - \sin\phi\cos\psi & \cos\phi\cos\theta \end{bmatrix} \end{aligned} \tag{4.2}$$

由于式(4.2)第一行 3 个相乘的转移矩阵都是正交矩阵，因此它们相乘所得的矩阵 $\boldsymbol{C}_n^b$ 也是正交矩阵，故矩阵 $\boldsymbol{C}_n^b$ 的转置矩阵 $\boldsymbol{C}_n^{b,T}$ 等于该矩阵的逆，即 $\boldsymbol{C}_n^{b,T}=\boldsymbol{C}_n^{b,-1}$。这点很重要，在飞行器的组合导航中，由于有些传感器测量得到的信息是基于导航坐标系的，有些传感器测量得到的信息是基于飞行器本体坐标系的，因此，在对这些传感器进行信息融合处理时，需要借助坐标变换矩阵将这些信息统一到同一个坐标系中。

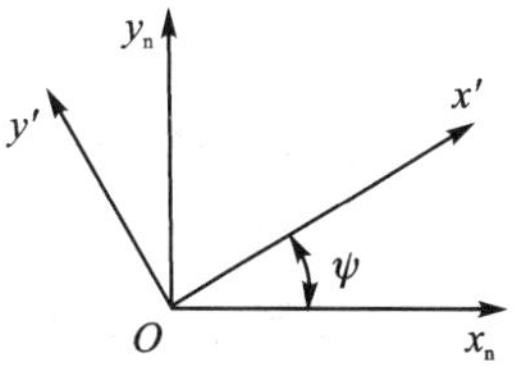

图 4.4　$O-x'y'z_n$ 在 $O-x_ny_n$ 平面上的投影示意图

4.2　惯性测量传感器

在现代航空航天领域中，惯性测量传感器是飞机、导弹、火箭、卫星等多种飞行器一定会配备的设备元器件。飞行器上的惯性测量传感器主要有两种：一种是陀螺仪，用于测量角速率；另一种是加速度计传感器，用于测量加速度信息。为了反映飞行器的飞行状态，这两种传感器一般在 3 个相互垂直的方向上都能感应外部信号，我们称之为三轴陀螺仪及三轴加速度计。理论上，当三轴陀螺仪及三轴加速度计的测量精度很高时，对测量得到的角速率信号进行积分可以得到角度信息，这个信息能够反映飞行器的姿态；对加速度信号进行一次积分可以得到三

轴的速度信息，这个信息能够反映飞行器飞行速度的快慢；对加速度信号进行二次积分可以得到位置信息，这个信息能够反映飞行器在本地制导坐标系中所处的方位。

按照工作原理，陀螺仪可分为：机械式干式、液浮、半液浮、气浮陀螺仪；挠性陀螺仪；MEMS（Micro-Electro-Mechanical System，微电子机械系统）硅、石英陀螺仪（含半球谐振陀螺仪等）；光纤陀螺仪；激光陀螺仪等。

加速度计又分为：机械式加速度计；挠性加速度计；MEMS 硅、MEMS 石英加速度计（含压阻、压电加速度计）；石英挠性加速度计等。

惯性测量传感器根据应用场合的不同，可分为消费级、工业级、军工级（宇航级）三大类别。其中，消费级的惯性测量传感器精度较差，主要用在手机、游戏机、音乐播放器、无线鼠标、数码相机、PD、硬盘保护器、智能玩具、计步器、防盗系统、GPS 导航等消费电子领域；工业级的惯性测量传感器则主要用于汽车电子稳定系统（ESP 或 ESC）、GPS 辅助导航系统、汽车安全气囊、车辆姿态测量、精密农业、工业自动化、大型医疗设备、机器人、仪器仪表、工程机械等领域；军工级的惯性测量传感器主要要求精度高、全温区、抗冲击等，主要用于通信卫星无线、导弹导引头、光学瞄准系统等稳定性应用，飞机/导弹飞行控制、姿态控制、偏航阻尼等控制应用，中程导弹制导、惯性 GPS 导航等制导应用，以及远程飞行器船舶仪器、战场机器人等领域。

对于消费级的惯性测量传感器，随着电子信息技术的发展，其精度、可靠性等实际上也在不断发展。从中小型多旋翼无人机系统出发，当设计一款消费级的多旋翼无人机时，可以选择消费级的惯性测量传感器；当设计一款工业级的无人机系统时，尽量采用工业级的惯性测量传感器，或者是对消费级的惯性测量传感器进行二次开发，使其达到工业级的标准。尽管惯性测量传感器有这 3 种领域区分，但从技术上来说，传感器的原理及参数定义都是相同的。下面主要从消费级或是工业级的惯性测量传感器出发，讲述多旋翼无人机系统设计中涉及的惯性测量传感器。其中，三轴加速度计及三轴陀螺仪以基于 MEMS 技术的器件为例进行描述。

4.2.1 MEMS 陀螺仪

1. MEMS 陀螺仪的工作原理

传统的陀螺仪主要是利用角动量守恒原理，因此它主要是一个不停转动的物体，其转轴指向不随承载它的支架的旋转而变化。MEMS 陀螺仪利用科里奥利力（旋转物体在径向运动时所受到的切向力（见图 4.5），相应的科氏加速度为径向速度与旋转角速度两个矢量的叉乘的两倍，因此科里奥利力的大小正比于旋转角速率），旋转中的陀螺仪可对各种形式的直线运动产生反应，通过记录陀螺仪部件受到的科里奥利力可以进行运动的测量与控制。

为了产生这种力，MEMS 陀螺仪通常安装两个方向的可移动电容板（见图 4.6），带来径向的电容板加振荡电压迫使物体做径向运动，横向的电容板则用于测量由于横向科里奥利运动带来的电容变化。这样，MEMS 陀螺仪内的“陀螺物体”在外部运动的驱动下就会不停地来回做径向运动或振荡，从而模拟出科里奥利力不停地在横向来回变化的运动，并可在横向做与驱动力差 90°的微小振荡。因为科里奥利力正比于角速率，所以由电容的变化可计算出 MEMS 陀螺仪的角速率。在实际的 MEMS 陀螺仪内部电路中，由于存在角速率运动而产生的电容变化电信号将被输送到放大解调滤波等信号处理电路中，从而输出正比于角速率的直流电压信号，进而测量出角速率信息。

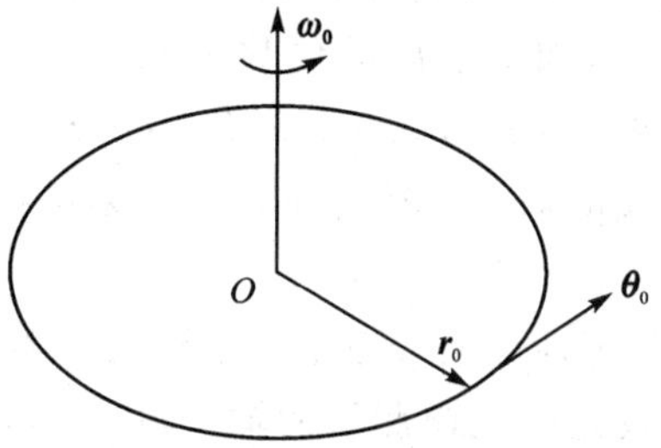

图 4.5　物体旋转示意图

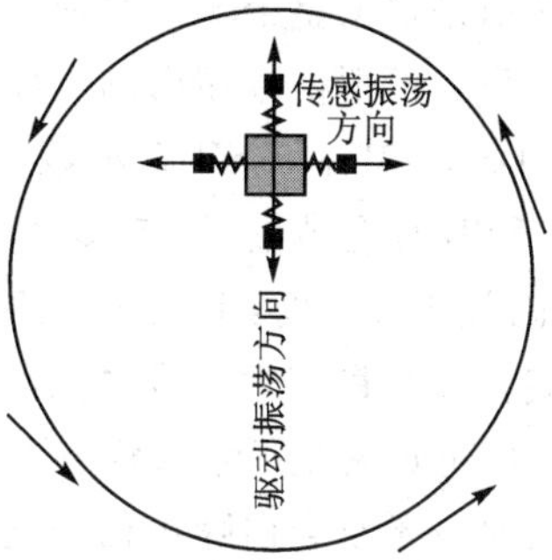

图 4.6　MEMS 陀螺仪中两个正交的可移动电容板

图 4.7 所示为一款由 ADI 公司出品的工业级 MEMS 惯性器件 ADIS16355，其集成了三轴陀螺仪及三轴加速度计，其中，振动陀螺的基本原理采用了前文所述的科氏力效应。这是一款数字输出、全温校准的惯性测量单元，其采用 SPI 串行接口输出 x 轴、y 轴和 z 轴 3 个方向的角速率及线加速度信息。表 4.1 所列为 ADIS16355 中的三轴陀螺仪的性能参数。

图 4.7　工业级 MEMS 惯性器件 ADIS16355

表 4.1　ADIS16355 中的三轴陀螺仪的性能参数

参　数	条　件	值	单　位
测量范围	—	±300，±150，±75	(°)/s
刻度因数	25 ℃，±300°/s	0.073 26	(°)/(s·LSB^{-1})
	25 ℃，±150°/s	0.036 63	
	25 ℃，±75°/s	0.018 32	
刻度因素非线性度	最好拟合直线	0.1	%
零偏稳定性	25 ℃，1σ	0.015	(°)/s
角度随机游走系数	25 ℃	0.1	(°)/$\sqrt{\text{h}}$
温度影响系数	—	0.01	(°)/(s·℃$^{-1}$)
输出噪声均方根值	25 ℃，±300°/s	0.60	(°)/s
	25 ℃，±150°/s	0.35	
	25 ℃，±75°/s	0.17	
3 dB 带宽	—	350	Hz

2. 陀螺仪的术语

① 测量范围：也称为量程，指陀螺仪能测量的正、反方向角速率的额定值范围，单位是°/s。该值越大表示陀螺仪对角速率敏感的能力越强。在此测量范围内，陀螺仪刻度因数非线性度满足规定要求。

② 刻度因数：也称为刻度因子、标度因数、梯度、灵敏度，指陀螺仪的输出量与输入角速率

的比值。该比值是根据整个输入角速率范围内测得的输入、输出数据，通过最小二乘法拟合求出的直线的斜率。模拟信号输出的刻度因数的单位是(°)/s/mV，数字信号输出的刻度因素的单位是(°)/s/LSB。其中，LSB表示数字输出的最小有效位，加上输出的位数为12位，共有 2^{12}(4 096)个LSB对应满量程，如果量程为75(°)/s，那么灵敏度就为0.018 32(°)/s/LSB。

③ 刻度因数非线性度：指在输入角速率范围内，陀螺仪的输出量相对于最小二乘法拟合直线的最大偏差值与最大输出量之比。

④ 零偏：指陀螺仪在零输入状态下的输出，其由零偏稳定性表征。当角速率输入为零时，陀螺仪的输出是一条复合白噪声信号变化缓慢的曲线，用规定时间内测得的输出量的平均值表示。

⑤ 零偏稳定性：也称为零漂，是指衡量陀螺仪在零输入状态下输出量围绕其均值(零偏)起伏和波动的离散程度，习惯上用标准差(σ)或均方根(RMS)值表示，并以相应的等效输入角速率表示。

⑥ 分辨力：表示陀螺仪在规定的输入角速率下能检测到的最小输入角速率增量。由该角速率增量所产生的输出增量至少应等于按刻度因数所期望的输出增量值的50%。

⑦ 角度随机游走系数：指由白噪声产生的随时间累积的陀螺仪输出误差系数，单位是(°)/$\sqrt{\text{h}}$。角度随机游走系数表征了长时间累积的角度误差，反映了陀螺仪的研制水平，也反映了陀螺仪可检测的最小角速率能力。

⑧ 输出噪声：是指当陀螺仪处于零输入状态时，陀螺仪直流零偏值信号中的交流分量。

⑨ 3 dB带宽：是指在陀螺仪频率特性的测试中，测得的幅频特性的幅值降低3 dB所对应的频率范围。在该范围内，陀螺仪能够精确、线性地测量输入的角速率，单位为Hz。

如图4.2所示，当三轴MEMS陀螺仪安装在多旋翼无人机的质心处，且陀螺仪的3个轴与飞行器本体坐标系重合时，三轴陀螺仪敏感测到的信息就是多旋翼无人机的三轴角速率——q(俯仰角速率)、p(滚转角速率)、r(偏航角速率)。

4.2.2 MEMS加速度计

1. MEMS加速度计的分类

技术成熟的MEMS加速度计有3种：压电式MEMS加速度计、电容式MEMS加速度计和热感式MEMS加速度计，分别如下：

① 压电式MEMS加速度计运用的是压电效应，在其内部有一个刚体支撑的质量块，有运动时质量块会产生压力，刚体产生应变，把加速度转变成电信号输出。

② 电容式MEMS加速度计内部也有一个质量块，从单个单元来看，它是标准的平板电容器。加速度的变化带动活动质量块的移动从而改变平板电容两极的间距和正对面积，通过测量电容变化量来计算加速度。

③ 热感式MEMS加速度计内部没有任何质量块，它的中央有一个加热体，周边是温度传感器，里面是密闭的气腔。工作时，在加热体的作用下，气体在内部形成一个热气团，热气团的比重和周围的冷气是有差异的，加速度计内部的感应器将感应到惯性热气团的移动所形成的热场变化，进而检测出加速度值。

由于压电式MEMS加速度计内部有一个刚体支撑的质量块，通常情况下，压电式MEMS

加速度计只能感应到“动态”加速度，而不能感应到“静态”加速度，也就是我们所说的重力加速度；而电容式和热感式 MEMS 加速度计既能感应“动态”加速度，又能感应“静态”加速度。

电容式 MEMS 加速度计是加速度计中工作灵敏度较高的一种，也是使用最为广泛的一种。因此，这里以电容式 MEMS 加速度计为例来分析 MEMS 加速度计。

(1) 电容式 MEMS 加速度计的结构模型

电容式 MEMS 加速度计采用质量块-弹簧-阻尼器系统来感应加速度，其结构如图 4.8 所示，图中的质量块是微加速度计的执行器，与质量块相连的是可动臂，与可动臂相对的是固定臂。可动臂和固定臂形成了电容结构，作为加速度计的感应器。其中的弹簧并非真正的弹簧，而是由硅材料经过立体加工形成的一种力学结构，它在加速度计中的作用相当于弹簧。

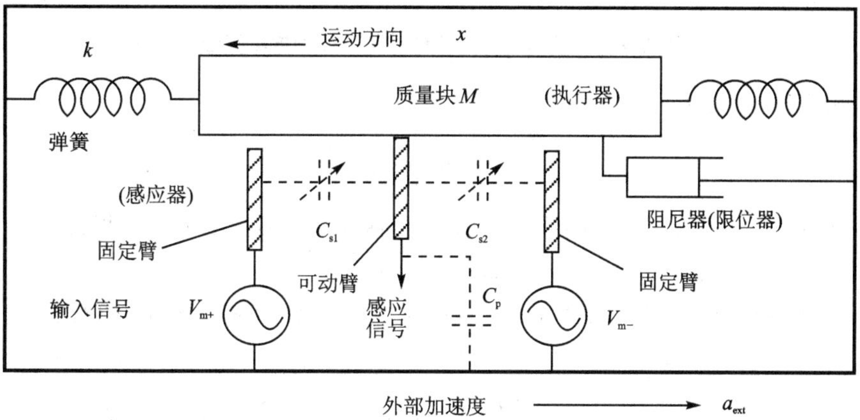

图 4.8　电容式 MEMS 加速度计的结构示意图

(2) 电容式 MEMS 加速度计的工作原理

电容式 MEMS 加速度计的工作原理可概述如下：

当加速度计连同外界物体(该物体的加速度就是待测的加速度)一起加速运动时，质量块就会受到惯性力的作用向相反的方向运动，而质量块发生的位移受到弹簧和阻尼器的限制，如图 4.9(a)所示。显然，该位移与外界加速度具有一一对应的关系：当外界加速度固定时，质量块具有确定的位移；当外界加速度变化时(只要变化不是很快)，质量块的位移也会发生相应的变化。另外，当质量块发生位移时，可动臂和固定臂(感应器)之间的电容就会发生相应的变化，如果测得感应器输出电压的变化，就等同于测得了质量块(执行器)的位移。既然执行器的位移与待测加速度具有确定的一一对应关系，那么输出电压与外界加速度也就有了确定的关系，即通过输出电压就能测得外界加速度。

具体地说，以 V_m 表示输入电压信号，V_s 表示输出电压信号，C_{s1} 与 C_{s2} 表示固定臂与可动臂之间的两个电容(见图 4.9(b))，则输入信号和输出信号之间的关系可表示为

$$V_s = \frac{C_{s1} - C_{s2}}{C_{s1} + C_{s2}} V_m \tag{4.3}$$

电容与位移之间的关系可由电容的定义给出：

$$C_{s1} = \frac{\varepsilon_0 \varepsilon}{d - x}, \quad C_{s2} = \frac{\varepsilon_0 \varepsilon}{d + x} \tag{4.4}$$

式(4.4)中的 x 是可动臂(执行器)的位移，d 是没有加速度时固定臂与悬臂之间的距离。

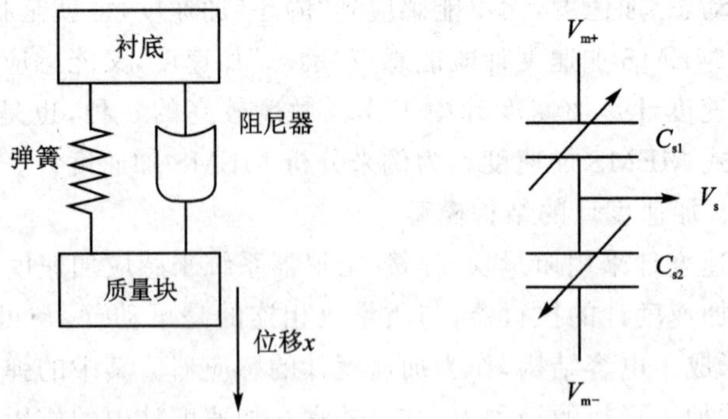

(a) 质量块的力学结构　　(b) 感应器的电学原理图

图 4.9　质量块的力学结构和感应器的电学原理图

由式(4.3)和式(4.4)可得

$$V_s = \frac{x}{d}V_m \tag{4.5}$$

根据牛顿第一、第二定律等力学原理可得稳定情况下质量块的力学方程：

$$kx = -ma_{ext} \tag{4.6}$$

式(4.6)中的 k 为弹簧的劲度系数，m 为质量块的质量。因此，外界加速度 a_{ext} 与输出电压的关系为

$$a_{ext} = -\frac{kx}{m} = -\frac{kdV_s}{mV_m} = k_1\frac{V_s}{V_m} \tag{4.7}$$

式(4.7)表明，在加速度计结构和输入电压确定的情况下，输出电压与加速度成正比。

2. EMES 加速度计的术语

表 4.2 所列为 ADIS16355 中三轴加速度计的性能参数，其中部分参数的含义如下：

表 4.2　ADIS16355 中三轴加速度计的性能参数

参　数	条　件	值	单　位
测量范围	—	±10	g
刻度因数	25 ℃	0.002 522	g/LSB
刻度因素非线性度	最好拟合直线	±0.2	%
零偏稳定性	25 ℃，1σ	0.000 7	g
速度随机游走系数	25 ℃	2	$m/(s \cdot \sqrt{h}^{-1})$
温度影响系数	—	0.000 5	g/℃
输出噪声均方根值	25 ℃	0.035	g
3 dB 带宽	—	350	Hz

① 测量范围：也称量程，指加速度计能测量的正、反方向角速率的额定值范围，单位是 g。该值越大表示加速度计对加速度敏感的能力越强。在此测量范围内，加速度计刻度因数非线性度满足规定要求。

② 刻度因数：也称为刻度因子、标度因数、梯度、灵敏度，指加速度计的输出量与输入加速

度的比值。对于模拟信号,输出的刻度因数的单位是 g/mV;对于数字信号,输出的刻度因数的单位是 g/LSB。

③ 刻度因数非线性度:指在输入线加速度范围内,加速度计输出量相对于最小二乘法拟合直线的最大偏差值与最大输出量之比。

④ 速度随机游走系数:指由白噪声产生的随时间累积的加速度计输出误差系数,单位是 $\mathrm{m/s/\sqrt{h}}$。速度随机游走系数表征了长时间累积的速度误差。

⑤ 输出噪声:是指当加速度计处于零输入状态时,加速度计的直流零偏置信号中的交流分量(rms)。

⑥ 3 dB 带宽:是指在加速度计频率特性测试中,测得的幅频特性的幅值降低 3 dB 所对应的频率范围。在该范围内,加速度计能够精确、线性地测量输入的线加速度。

3. MEMS 加速度计测量角度的原理

我们知道 MEMS 加速度计在飞行器、机器人领域得到了广泛应用,例如,可以帮助机器人了解它现在身处的环境。是在爬山还是在下坡?摔倒了没有?对于飞行器,主要用于姿态控制。再如,在便携式笔记本电脑里就内置了 MEMS 加速度计,能够动态地监测出笔记本电脑在使用中的振动,根据这些振动数据,系统会智能地选择关闭硬盘还是让其继续运行,这样可以最大限度地保护由于振动,比如颠簸的工作环境,或者不小心摔了所造成的硬盘损害,最大限度地保护硬盘中的数据。目前,在一些先进的移动硬盘上也使用了这项技术;在智能手机、智能手表上集成了 MEMS 加速度计,帮助人们记录其运动状态、辅助生命健康等;在数码相机和摄像机中集成了 MEMS 加速度计,用于检测拍摄时手部的振动,并根据这些振动自动调节其聚焦。MEMS 加速度计还可以用于分析发动机的振动,汽车防撞气囊的启动也可以由 MEMS 加速度计控制。由此可见,MEMS 加速度计在我们的生活中发挥着非常重要的作用,归纳起来主要有振动检测、姿态控制、安防报警、消费应用、动作识别、状态记录等作用。

在多旋翼无人机中,MEMS 加速度计的一个重要应用是校正利用陀螺仪得到的姿态角信息。因此,加速度计的一个基本能力是要能够根据测到的加速度信息经过解算得到姿态角。下面将介绍待测物体处于静止状态下的姿态检测。

当被测物体处于静态时,加速度值为零,记为 $\boldsymbol{a}_{\mathrm{ib}}^{\mathrm{b}}$。根据加速度计的原理,有以下公式成立:

$$\boldsymbol{f}^{\mathrm{b}}=\boldsymbol{a}_{\mathrm{ib}}^{\mathrm{b}}-\boldsymbol{g}^{\mathrm{b}}=-\boldsymbol{g}^{\mathrm{b}}=-[g^{\mathrm{b}}(1) \quad g^{\mathrm{b}}(2) \quad g^{\mathrm{b}}(3)]^{\mathrm{T}} \tag{4.8}$$

式(4.8)中,$\boldsymbol{f}^{\mathrm{b}}$ 为比力,$g^{\mathrm{b}}(1)$、$g^{\mathrm{b}}(2)$ 和 $g^{\mathrm{b}}(3)$ 分别为重力加速度在待测物体本体坐标系下的 3 轴分量,如图 4.10 所示。

当物体运动时,依据飞行器本体坐标系到导航坐标系的转换关系式为

$$\boldsymbol{f}^{\mathrm{n}}=\boldsymbol{C}_{\mathrm{b}}^{\mathrm{n}}\boldsymbol{f}^{\mathrm{b}} \tag{4.9}$$

静止状态下,根据基本的比力方程可计算得到 $\boldsymbol{f}^{\mathrm{n}}=[0,0,g]^{\mathrm{T}}$,其中,$g$ 为重力加速度常量值,于是由式(4.8)和式(4.9)可得

$$\boldsymbol{g}^{\mathrm{b}}=\begin{bmatrix}-\sin\theta \\ \sin\phi\cos\theta \\ \cos\phi\cos\theta\end{bmatrix}g \tag{4.10}$$

通过求单轴加速度计测量值的反三角函数值可分别计算俯仰角 θ 和滚转角 ϕ:

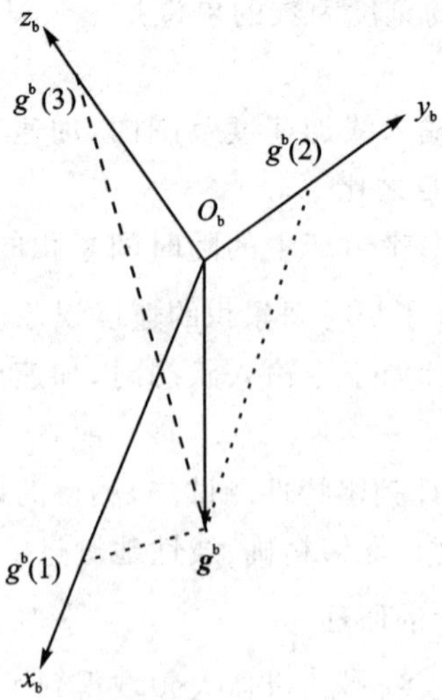

图 4.10 重力加速度在待测物体本体坐标系的分量示意图

$$\left.\begin{aligned}\theta &= a\tan\left\{-g^b(1)/\sqrt{[g^b(2)]^2+[g^b(3)]^2}\right\}\\ \phi &= a\tan\left[g^b(2)/g^b(3)\right]\end{aligned}\right\}\tag{4.11}$$

从式(4.11)可知,通过在静态条件下测量物体在 3 轴上的加速度即可求出物体的滚转角和俯仰角。

需要注意的是,当被测物体抖动比较大时,$\boldsymbol{a}_{ib}^{b}$ 不能忽略,则式(4.11)不能准确地计算出姿态角,为此引入 ADIS16355 内置的陀螺仪。通过陀螺仪测量运动物体角速率求解矩阵方程常用的方法是四元数法。陀螺仪可以测量倾角变化率,采用三轴陀螺仪测量出各轴的角速率后,再将角速率对时间进行积分可求出旋转角,但由于测量精度及各种漂移的影响,使用简单积分法或累加法会导致无法消除的积累误差,这就要采用数据融合的方法。AHRS 数据融合方案的主要思想为:利用陀螺仪测得的角速率来更新前一步的姿态角;利用加速度计对重力向量的观测来修正陀螺仪给出的姿态角信息;采用卡尔曼滤波算法对其状态进行估计,通过数据融合修正其姿态角。

4.2.3 实训九:陀螺仪、加速度计数据的基本使用

实训题目:

陀螺仪、加速度计数据的基本使用。

实训目的:

理解陀螺仪温度漂移的概念;掌握加速度计测量物体静止或匀速直线运动时的姿态角的原理与方法。

实训素材:

标准测试转台一套;AHRS 一套;含预装上位机数据采集软件的计算机一台;数据线一条;电源一套。

实训原理:

根据 4.2.1 小节中陀螺仪的刻度因数、零偏的定义,测量静止状态下的陀螺仪数据,并对时间进行积分,得到三轴陀螺仪测得的角度数据,以此理解 MEMS 陀螺仪零偏的影响。根据

4.2.2 小节中加速度计的刻度因数的定义，以式(4.11)计算静止(或匀速运动)及速度变化状态下的姿态角，并与 AHRS 自身解算的姿态角进行比较，从而理解式(4.11)的应用条件。

实训步骤：

① 将 AHRS 装在标准测试转台上；

② 将 AHRS 及标准测试转台的数据线与计算机连接；

③ 在计算机上打开上位机数据采集软件(数据采样频率默认为 200 Hz)；

④ 选择数据保存项：三轴陀螺仪裸数据及系统时间的选项；

⑤ 测试并记录静止状态下的三轴陀螺仪的裸数据，时长 10 min，记录文件命名为"陀螺仪. xls"；

⑥ 停止测试三轴陀螺仪裸数据；

⑦ 选择数据保存项：三轴加速度计裸数据、AHRS 三轴姿态角及系统时间；

⑧ 缓慢旋转转台，测试并记录该状态下的三轴 MEMS 加速度计的裸数据及 AHRS 计算得到的三轴姿态角，时长 1 min，记录文件命名为"静止加速度计. xls"；

⑨ 不规则旋转转台，测试并记录该状态下的三轴加速度计的裸数据及 AHRS 计算得到的三轴姿态角，时长 1 min，记录文件命名为"变速加速度计. xls"。

实训报告及要求：

① 根据文件"陀螺仪. xls"，基于时间计算得到三轴角度数据，然后与静止状态下的三轴角度对比，分析数据(需要绘图)；

② 根据文件"静止加速度计. xls"，利用式(4.11)计算俯仰角及滚转角，并与 AHRS 测得的俯仰角及滚转姿态角分别进行对比(需要基于时间进行绘图)；

③ 根据文件"变速加速度计. xls"，利用式(4.11)计算俯仰角及滚转角，并与 AHRS 测得的俯仰角及滚转姿态角分别进行对比(需要基于时间进行绘图)；

④ 按规范布局实训报告。

4.3　磁强计

4.2 节讲述了在非变化机动下的飞行器俯仰角及滚转角的测量与计算的基本原理。我们知道，飞行器在飞行过程中的欧拉姿态角还包括偏航角这一信息，因此也需要将偏航角测量出来，以形成完整的飞行器姿态体系。目前，测量偏航角的方法主要有两种：一种方法是基于图像的三维测姿方法，该方法主要适用于室内固定空间的小型飞行器；另一种方法是基于检测磁场强度与方向的三轴磁强计及三轴加速度传感器进行偏航角的测量。第一种方法由于系统应用场合的局限性而具有局限性，因此下面主要讲述第二种方法。

4.3.1　地磁场

如图 4.11 所示，地球的磁场像条形磁体一样由磁南极指向磁北极。在磁极点处，磁场和当地的水平面垂直；在赤道处，磁场和当地的水平面平行，所以在北半球磁场方向倾斜，指向地面。用来衡量磁感应强度大小的单位是 Tesla 或者 Gauss(1 Tesla＝10 000 Gauss)。随着地理位置的不同，通常地磁场的强度是 0.4～0.6 Gauss。需要注意的是，地核的自转轴与地球的自转轴不在一条直线上，所以由地核旋转形成的地磁场两极与地理两极并不重合，这就是地磁场磁偏角的形成原因。磁北极和地理上的北极并不重合，通常它们之间有 11°左右的夹角。我国大多数地方的磁偏角都是偏向西的，磁偏角每年都会轻微变化。另外，当地当时的磁偏角＝参考年值＋年变值×年差。例如，北京地区的磁偏角大约为 6°，厦门的磁偏角大约为 2°。

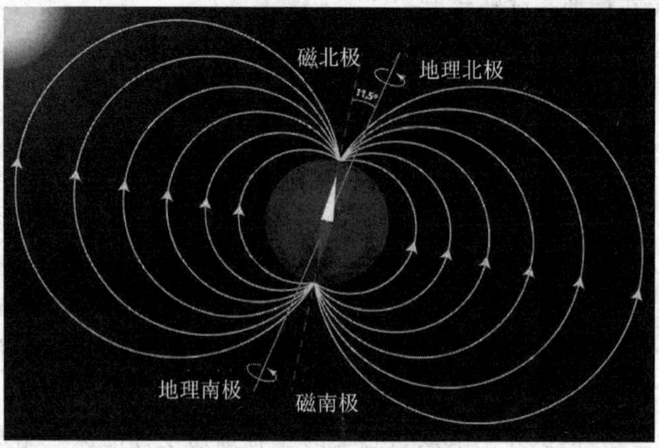

图 4.11　地磁场分布图

4.3.2　三轴磁强计

磁感应强度是矢量，具有大小和方向特征，只测量磁感应强度大小的磁强计称为标量磁强计，而能够测量特定方向磁场大小的磁强计称为矢量磁强计。能够测量磁场的物理原理有很多，根据不同的原理进行分类，常见的标量磁强计有质子旋进磁强计、Overhauser 磁强计和碱金属光泵磁强计等，常见的矢量磁强计有磁阻效应磁强计、霍尔效应磁强计及磁饱和磁强计。

1. 磁阻效应磁强计

磁阻效应磁强计是根据磁性材料的磁阻效应制成的。磁性材料（如坡莫合金）具有各向异性，对它进行磁化时，其磁化方向将取决于材料的易磁化轴、材料的形状和磁化磁场的方向。如图 4.12 所示，当给带状坡莫合金材料通电流 I 时，材料的电阻取决于电流的方向与磁化方向的夹角 θ。如果给材料施加一个磁场 B（被测磁场），就会使原来的磁化方向转动。如果磁化方向转向垂直于电流的方向，则材料的电阻减小；如果磁化方向转向平行于电流的方向，则材料的电阻增大。磁阻效应磁强计一般由 4 个这样的电阻组成，并将它们接成电桥。在被测磁场 B 的作用下，电桥中位于相对位置的两个电阻的阻值增大，另外两个电阻的阻值减小。在其线性范围内，电桥的输出电压与被测磁场成正比。磁阻效应磁强计已经能制作在硅片上，并形成产品。其灵敏度和线性度已经能满足磁罗盘的要求，各方面的性能明显优于霍尔效应磁强计。迟滞误差和零点温度漂移还可采用对磁强计进行交替正向磁化和反向磁化的方法加以消除。由于磁阻效应磁强计具有这些优点，从而使其在某些应用场合能够与磁饱和磁强计竞争。磁阻效应磁强计的主要问题是其翻转效应，这是其原理所固有的。

如前所述，在使用前对磁性材料进行磁化，此后如果遇到较强的相反方向的磁场（大于 20 Gauss）就会对材料的磁化产生影响，从而影响传感器的性能。在极端情况下，会使磁化方向翻转 180°。这种危险虽然可以利用周期性磁化的方法加以消除，但仍存在问题。对材料进行磁化的磁场必须很强，如果采用外加线圈来产生周期性磁化磁场，就失去了小型化的意义。

Honeywell 公司的一项专利解决了这个问题，他们在硅片上制作了一个电流带来产生磁化磁场，该电流带的阻值只有 5 Ω 左右。虽然磁化电流只持续了 1～2 ms，但电流强度却高达 1～1.5 A。这种方案对驱动电路要求较高，而且如果集成到微系统，这样强的脉冲电流还会威胁到系统中的微处理器等其他电路的可靠性。图 4.13 所示为霍尼韦尔公司的一款三轴磁强计 HMC5883L。

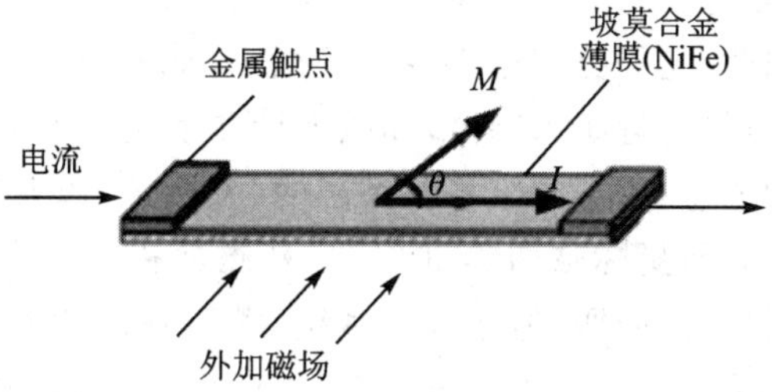

图 4.12　磁阻效应

2. 霍尔效应磁强计

霍尔效应磁强计的工作原理(见图 4.14)是：如果沿矩形金属薄片的长方向通电流 I，由于载流子受洛仑兹力作用，在垂直于薄片平面的方向施加强磁场 B，则在金属薄片横向会产生电压差 U，该电压差大小与电流 I、磁场 B 和材料的霍尔系数 R 成正比，与金属薄片的厚度 d 成反比。100 多年前就发现了霍尔效应，但由于那时材料的霍尔系数都很小而难以应用，直到半导体问世后才真正用于磁场测量。这是因为半导体中的载流子数量少，如果给其通的电流与给金属材料通的电流相同，则半导体中载流子的速度会更快，所受到的洛仑兹力会更大，因而霍尔效应的系数也就更大。霍尔效应磁强计的优点是体积小、质量轻、功耗小、价格便宜、接口电路简单，特别适用于强磁场的测量。但是，它又有灵敏度低、噪声大、温度性能差等缺点。因此，霍尔效应磁强计一般都是用于要求不高的地磁场测量的场合。

图 4.13　霍尼韦尔公司的一款三轴磁强计 HMC5883L

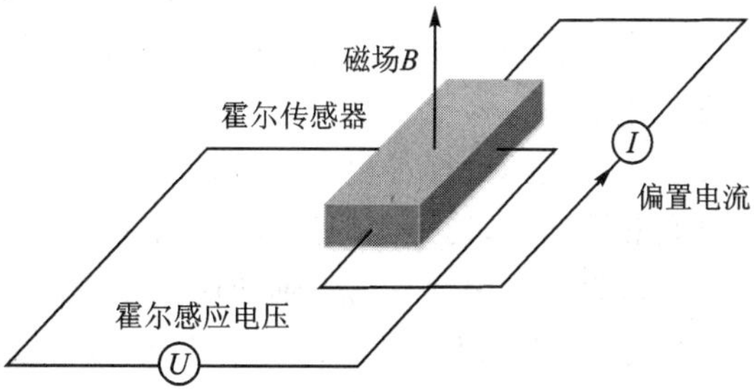

图 4.14　霍尔效应

3. 磁饱和磁强计

磁饱和法是基于磁调制原理，即利用被测磁场中铁磁材料磁芯在交变磁场的饱和励磁下其磁感应强度与磁场强度的非线性关系来测量弱磁场的一种方法。应用磁饱和法测量磁场的磁强计称为磁饱和磁强计，也称为磁通门磁强计或铁磁探针磁强计。磁饱和法大体划分为谐波选择法和谐波非选择法两大类。谐波选择法只是考虑探头感应电动势的偶次谐波(主要是二次谐波),而滤去其他谐波;谐波非选择法是不经滤波而直接测量探头感应电动势的全部频谱,对磁饱和探头采用差分方法构成磁饱和梯度计,可以测量非均匀磁场,同时利用磁饱和梯度计能够克服地磁场的影响和抑制外界的干扰。这种磁强计在 20 世纪 30 年代开始用于地磁测量以来,不断获得发展与改进,目前仍是测量弱磁场的基本仪器之一。磁饱和磁强计分辨力较高,测量弱磁场的范围较宽,并且可靠、简易、价廉、耐用,能够直接测量磁场的分量,适于在高速运动系统中使用。因此,它广泛应用于各个领域中,如地磁研究、地质勘探、武器侦察、材料无损探伤、空间磁场测量等。近年来,磁饱和磁强计在宇航工程中得到了重要应用,例如,用于控制人造卫星和火箭的姿态,用于测绘来自太阳的“太阳风”以及带电粒子相互作用的空间磁场、月球磁场、行星磁场和行星际磁场的图形。虽然磁饱和磁强计还存在处理电路相对较复杂、体积较大和功耗相对较大的问题,但随着微系统、微型磁饱和磁强计以及低功耗磁饱和磁强计的研究,相信这些问题是可以解决的。图 4.15 所示为德国某型磁饱和磁强计,与 HMC5883L 三轴磁强计相比,其体积更大。

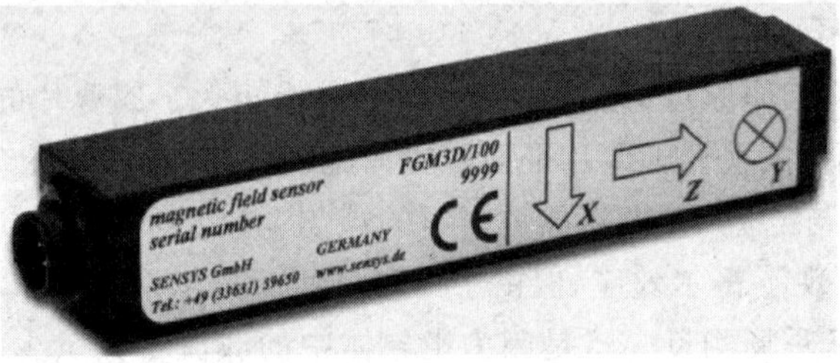

图 4.15　德国某型磁饱和磁强计

从以上三者的比较来看,目前基于磁电阻效应的三轴磁强计具有体积小、响应速度快等优点,是多旋翼无人机测航向的首选磁强计。

4. 偏航角的测量

地磁场是一个矢量,对于一个固定的地点,这个矢量可以被分解为两个与当地水平面平行的分量和一个与当地水平面垂直的分量。如果保持三轴磁强计与当地的水平面平行,那么磁强计的 3 个轴就和这 3 个分量对应起来,如图 4.16 所示,从磁北方向顺时针转到 x 轴的夹角即为方位角 α。

飞行器在实际飞行过程中,三轴磁强计并不是始终水平的,需要根据加速度计传感器测得的俯仰角和滚转角,通过坐标变换,将磁强计测得的磁场强度分量折算到水平方向上,再计算方位角。假设三轴磁强计与三轴加速度计三轴方向相同,根据三轴磁强计测出的地磁场在三轴方向的分量 H_x、H_y、H_z,当飞行器处于非变速飞行状态时,根据式(4.11)测得的俯仰角 θ 和滚转角 ϕ ,由坐标关系可得水平方向的磁分量为

$$\left.\begin{aligned} H_X &= H_x\cos\theta + H_y\sin\theta\sin\phi + H_z\sin\theta\cos\phi \\ H_Y &= H_y\cos\phi - H_z\sin\phi \end{aligned}\right\} \tag{4.12}$$

利用三角函数关系可求得方位角 α 为

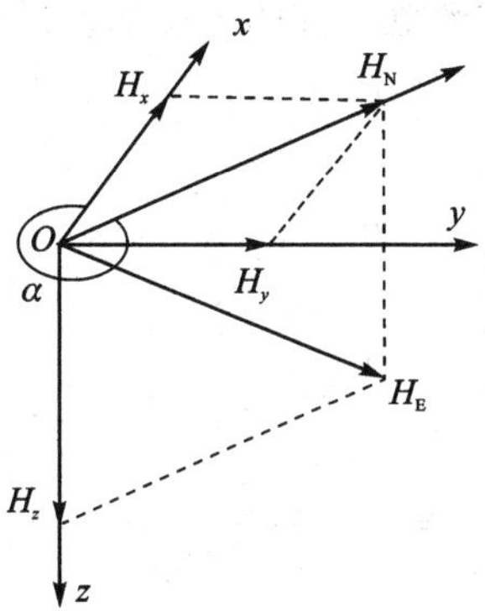

图 4.16　地磁场矢量分解示意图

$$\alpha=\begin{cases}2\pi-a\tan(H_Y/H_X), & H_X>0,H_Y>0\\ \pi-a\tan(H_Y/H_X), & H_X>0,H_Y<0\\ -a\tan(H_Y/H_X), & H_X<0,H_Y\text{ 为任意值}\\ \pi/2, & H_X=0,H_Y<0\\ 3\pi/2, & H_X=0,H_Y>0\end{cases} \tag{4.13}$$

由于地磁南北极与地理北极存在磁偏角(见图 4.11),所以要得到准确的南北极方向,必须用计算结果加上或减去所在地区的磁偏角才能得出飞行器的偏航角 ψ。当所在地区磁偏角 β 已知时,偏航角为

$$\psi=\alpha+\beta \tag{4.14}$$

5. 三轴磁强计铁磁干扰及校准

磁强计主要是通过感知地球磁场的存在来计算磁北极的方向的。然而,由于地磁场在一般情况下只有微弱的 0.5 Gauss,而飞行器载体的结构件或电子设备中又包含铁磁性材料,所以三轴磁强计的测量会受到除地球磁场以外的其他磁场干扰。例如,多旋翼无人机通用的无刷电机带有磁铁,其运转时也会产生变化的磁场。为了克服这些干扰,一方面需要将磁强计置于远离干扰的地方,另一方面需要对其进行校准。

如果干扰磁场为永久时不变磁场,则其为硬磁干扰磁场。硬磁干扰在磁强计的输出中表现为固定零位偏移。如果干扰磁场是随飞行器姿态变化的,则其为软磁干扰磁场。软磁干扰在三轴捷联磁强计的输出中表现为变化的零位偏差,可等效为标度因数误差、非正交误差和非对准误差的综合效应。

三轴磁强计的测量输出都受磁强计品质缺陷、外部磁场干扰和安装误差的影响。因此在使用三轴磁强计时,都需要对三轴磁强计进行校正,以消除各种误差源对测量精度的影响。三轴磁强计校正的目的是辨识各种误差参数,从而由三轴磁强计的测量值求解准确的本体系磁场矢量。三轴磁强计传统的误差校正方法有极大极小值误差校正方法和基于椭球约束的误差校正方法,下面将介绍这两种算法,并对其缺陷进行分析。

(1) 极大极小值误差校正方法

传统的极大极小值误差校正方法简单方便、易于实现,可应用于三轴磁强计的校正,因此在工程上被广泛应用。三轴磁强计极大极小值误差校正方法的工作原理是,将三轴磁强计绕多个轴旋转,使每个轴的磁强计都能够测量到地磁场矢量的最大分量和最小分量,根据辨识出来的极大极小值再利用式(4.15)求解磁强计的零位偏差误差系数和标度因数误差系数。

$$\left.\begin{aligned} b_x &= \frac{h^s_{x\_max} + h^s_{x\_min}}{2} \\ b_y &= \frac{h^s_{y\_max} + h^s_{y\_min}}{2} \\ b_z &= \frac{h^s_{z\_max} + h^s_{z\_min}}{2} \\ s_x &= \frac{2}{h^s_{x\_max} - h^s_{x\_min}} - 1 \\ s_y &= \frac{2}{h^s_{y\_max} - h^s_{y\_min}} - 1 \\ s_z &= \frac{2}{h^s_{z\_max} - h^s_{z\_min}} - 1 \end{aligned}\right\} \tag{4.15}$$

式(4.15)中,$h^s_{x\_min}$、$h^s_{x\_max}$、$h^s_{y\_min}$、$h^s_{y\_max}$、$h^s_{z\_min}$ 和 $h^s_{z\_max}$ 分别为 x 轴、y 轴和 z 轴磁强计在旋转过程中测量到的极大极小值,b_x、b_y 和 b_z,以及 s_x、s_y 和 s_z 分别为三轴磁强计的零位偏差误差系数和标度因数误差系数。

由以上分析可知,极大极小值误差校正方法虽然具有简单方便、易于实现的特点,但该方法受磁场采样策略的影响很大。磁场采样值必须包含地磁场矢量的最大分量和最小分量,采用此方法才能获得正确的校正结果,不正确和不充分的采样策略将导致所得的极值错误,从而计算出错误的校正结果;而且该方法无法校正软磁干扰误差和非对准安装误差。

(2) 基于椭球约束的误差校正方法

理想的磁场测量值在一个球面上,而受到各种误差影响的磁场测量值却在一个旋转和变形的球面——椭球面上,通过拟合椭球面可获取三轴磁强计的误差参数,该方法称为标量检测算法(Scalar Checking Algorithm,SCA)或椭球约束算法。忽略软磁干扰误差和非对准安装误差,则三轴磁强计的测量模型可简化为

$$\boldsymbol{h}^b = \boldsymbol{C}_{eql}^{-1}(\boldsymbol{h}^s - \boldsymbol{b}_{eql} - \boldsymbol{n}) \tag{4.16}$$

式(4.16)中,$\boldsymbol{h}^b = [h^b_x \quad h^b_y \quad h^b_z]^T$ 为飞行器本体坐标系下的地球磁场矢量,即三轴磁强计的理想测量值;$\boldsymbol{h}^s$ 为传感器坐标系下的地球磁场矢量,即三轴磁强计的实际测量值,上标 s 表示传感器坐标系;$\boldsymbol{n}$ 为传感器测量噪声;$\boldsymbol{C}_{eql}$ 和 $\boldsymbol{b}_{eql}$ 分别为等效误差矩阵和等效零位偏差,其中,$\boldsymbol{C}_{eql}$ 为下三角矩阵,有 6 个未知参数,$\boldsymbol{b}_{eql}$ 有 3 个未知参数,设 $\boldsymbol{C}_{eql}$ 及 $\boldsymbol{b}_{eql}$ 分别为

$$\boldsymbol{C}_{eql} = \begin{bmatrix} c_{11} & 0 & 0 \\ c_{21} & c_{22} & 0 \\ c_{31} & c_{32} & c_{33} \end{bmatrix}, \quad \boldsymbol{b}_{eql} = [b_{eql\_x} \quad b_{eql\_y} \quad b_{eql\_z}]^T \tag{4.17}$$

在同一地理位置,地球磁场强度值是一个常量,即在飞行器本体坐标系下测得的磁场强度值与在当地地理坐标系下的磁场强度值相等,可表述为

$$(\boldsymbol{h}^b)^T(\boldsymbol{h}^b) = \| \boldsymbol{h}^b \|^2 = h^2 \tag{4.18}$$

将式(4.18)左边展开可得

$$[\boldsymbol{C}_{eql}(\boldsymbol{h}^s - \boldsymbol{b}_{eql})]^T [\boldsymbol{C}_{eql}(\boldsymbol{h}^s - \boldsymbol{b}_{eql})] = h^2 \tag{4.19}$$

式(4.19)中,h 为当地地磁场强度值(标量),可由地球磁场模型获取。由式(4.19)可知:

理想磁场测量值的轨迹在一个球面上，而受到各种误差影响的磁场测量值在一个椭球面上，求解误差参数的问题可以转变为对椭球面的拟合问题。将式(4.19)展开，可得

$$A(h_x^s)^2+B(h_y^s)^2+C(h_z^s)^2+D(h_x^sh_y^s)+E(h_y^sh_z^s)+ \\ F(h_z^sh_z^s)+G(h_x^s)+H(h_y^s)+I(h_z^s)+J=0 \tag{4.20}$$

令 $\boldsymbol{a}=[A\quad B\quad C\quad D\quad E\quad F\quad G\quad H\quad I\quad J]^{\mathrm{T}}$ 为参数向量，是 $\boldsymbol{C}_{\mathrm{eql}}$ 及 $\boldsymbol{b}_{\mathrm{eql}}$ 元素的函数；$\boldsymbol{x}=[(h_x^s)^2\quad (h_y^s)^2\quad (h_z^s)^2\quad h_x^sh_y^s\quad h_z^sh_y^s\quad h_x^sh_z^s\quad h_x^s\quad h_y^s\quad h_z^s\quad 1]^{\mathrm{T}}$，其中，$\boldsymbol{a}$ 的元素与 $\boldsymbol{C}_{\mathrm{eql}}$、$\boldsymbol{b}_{\mathrm{eql}}$ 元素的函数关系如下：

$$\left.\begin{aligned}
A&=(c_{11})^2+(c_{21})^2+(c_{31})^2\\
B&=(c_{22})^2+(c_{32})^2\\
C&=(c_{33})^2\\
D&=2c_{21}c_{22}+2c_{31}c_{32}\\
E&=2c_{32}c_{33}\\
F&=2c_{31}c_{33}\\
G&=-(2Ab_{\mathrm{eql_}x}+Db_{\mathrm{eql_}y}+Fb_{\mathrm{eql_}z})\\
H&=-(Db_{\mathrm{eql_}x}+2Bb_{\mathrm{eql_}y}+Eb_{\mathrm{eql_}z})\\
I&=-(Fb_{\mathrm{eql_}x}+Eb_{\mathrm{eql_}y}+2Cb_{\mathrm{eql_}z})\\
J&=A(b_{\mathrm{eql_}x})^2+B(b_{\mathrm{eql_}y})^2+C(b_{\mathrm{eql_}z})^2+\\
&\quad Db_{\mathrm{eql_}x}b_{\mathrm{eql_}y}+Eb_{\mathrm{eql_}y}b_{\mathrm{eql_}z}+Fb_{\mathrm{eql_}z}b_{\mathrm{eql_}x}-h^2
\end{aligned}\right\} \tag{4.21}$$

于是式(4.20)可以写为

$$F(\boldsymbol{a},\boldsymbol{x})=\boldsymbol{a}\cdot\boldsymbol{x}=0 \tag{4.22}$$

对于椭球面的拟合问题，就是求取参数矢量 $\boldsymbol{a}$，使得测量数据 $\boldsymbol{h}^s$ 到曲线 $F(\boldsymbol{a},\boldsymbol{x})=0$ 几何距离的平方和最小，即 $\min\limits_{a}\sum[F(\boldsymbol{a},\boldsymbol{x})]^2$。我们可以采用最小二乘法解决这个问题，即首先估计出参数向量 $\boldsymbol{a}$，继而通过 $\boldsymbol{a}$ 的元素和 $\boldsymbol{C}_{\mathrm{eql}}$、$\boldsymbol{b}_{\mathrm{eql}}$ 元素的函数关系求解出 $\boldsymbol{C}_{\mathrm{eql}}$ 和 $\boldsymbol{b}_{\mathrm{eql}}$。以上即是传统的基于椭球约束的误差校正方法。

4.3.3　实训十：三轴磁强计的校准与航向测量

实训题目：

三轴磁强计的校准与航向测量。

实训目的：

理解磁强计的概念；掌握磁强计误差校准的方法及航向测量的原理。

实训素材：

标准测试转台一套；AHRS 航向姿态测量模块一个；含预装上位机数据采集软件的计算机一台；数据线一条；电源一套。

实训原理：

参见 4.3 节中的“4. 偏航角的测量”和“5. 三轴磁强计铁磁干扰及校准”两部分内容。

实训步骤：

① 将 AHRS 装在标准测试转台上；

② 将 AHRS 及标准测试转台的数据线与计算机连接；

③ 在计算机上打开上位机数据采集软件，设定数据采样频率为 200 Hz；

④ 选择数据保存项：三轴磁强计裸数据、AHRS 三个姿态角及系统时间；

⑤ 在三维空间中缓慢旋转标准测试转台并记录三轴磁强计的裸数据，时长 3 min，记录文件命名为“磁强计.xls”；

⑥ 停止测试三轴磁强计裸数据。

实训报告及要求：

① 根据文件“磁强计.xls”，利用两种校准方法对三轴磁强计进行校准，并就两种校准方法得到的三维磁感强度进行数据对比及绘图比较；

② 将两种校准后得到的三维磁感强度数据与 AHRS 记录下的俯仰角及滚转角结合计算偏航角，并与 ARHS 提供的偏航角进行对比分析（要有图形）；

③ 按规范布局实训报告。

4.4 位置速度测量传感器

4.4.1 GPS 接收机模块

GPS（Global Positioning System，全球定位系统）是一个由覆盖全球的 24 颗卫星组成的卫星系统。该系统可保证在任意时刻、地球上任意一点同时观测到 4 颗卫星，以保证卫星可以采集到该观测点的经纬度和高度，以便实现导航、定位、授时等功能。这项技术可以用来引导飞机、船舶、车辆以及个人，安全、准确地沿着选定的路线，准时到达目的地。GPS 由 3 部分组成：空间部分——GPS 星座；地面控制部分——地面监控系统；用户设备部分——GPS 接收机。

GPS 导航系统的基本原理是测量出已知位置的卫星到 GPS 接收机之间的距离，然后综合多颗卫星的数据就可知道 GPS 接收机的具体位置。卫星的位置可以根据星载时钟所记录的时间在卫星星历中查出，而 GPS 接收机到卫星的距离则通过记录卫星信号传播到 GPS 接收机所经历的时间，再将其乘以光速得到。由于大气层电离层的干扰，这一距离并不是 GPS 接收机与卫星之间的真实距离，而是伪距（PR）。当 GPS 卫星正常工作时，会不断地用 1 和 0 二进制码元组成的伪随机码（简称伪码）发射导航电文。其中，GPS 系统使用的伪码一共有两种——民用的 C/A 码和军用的 P(Y) 码。GPS 导航系统卫星的作用就是不断地发射导航电文。然而，由于 GPS 接收机使用的时钟与卫星星载时钟不可能总是同步的，所以除了 GPS 接收机的三维坐标 x、y、z 外，还要引进一个 Δt，即卫星与接收机之间的时间差作为未知数，然后用 4 个方程将这 4 个未知数求解出来，如图 4.17 所示。所以，如果想知道 GPS 接收机所处的位置，则至少要能接收到 4 个卫星的信号。

$$\left.\begin{aligned}
\left[(x_0-x_1)^2+(y_0-y_1)^2+(z_0-z_1)^2\right]^{1/2}+c(t_1-t_0)=d_1\\
\left[(x_0-x_2)^2+(y_0-y_2)^2+(z_0-z_2)^2\right]^{1/2}+c(t_2-t_0)=d_2\\
\left[(x_0-x_3)^2+(y_0-y_3)^2+(z_0-z_3)^2\right]^{1/2}+c(t_3-t_0)=d_3\\
\left[(x_0-x_4)^2+(y_0-y_4)^2+(z_0-z_4)^2\right]^{1/2}+c(t_4-t_0)=d_4
\end{aligned}\right\} \tag{4.23}$$

式(4.23)为 GPS 单点定位计算基本原理。其中 (x_i, y_i, z_i, t_i)，$i=1,2,3,4$，为 4 颗卫星三维位置发报文的时刻，c 为光速，d_1、d_2、d_3、d_4 为伪距，$(x_0$、y_0、z_0、$t_0)$ 为地面用户的三维位

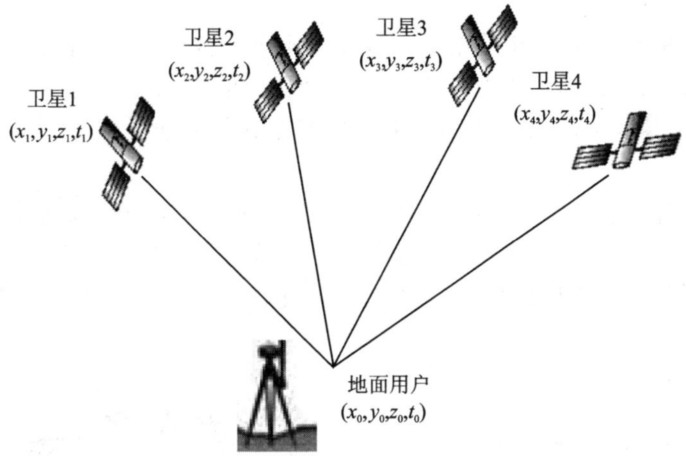

图 4.17　单点 GPS 定位原理

置及接收到报文的时刻，待求解。通过式(4.23)可以计算出地面用户的三维位置及时刻。

通过 GPS 接收机对元码的量测就可得到卫星到接收机的距离，由于含有接收机卫星钟的误差及大气传播误差，故称为伪距。对 C/A 码测得的伪距称为 C/A 码伪距，精度约为 20 m；对 P 码测得的伪距称为 P 码伪距，精度约为 2 m。

按定位方式，GPS 定位分为单点定位和相对定位(差分定位)。单点定位就是根据一台接收机的观测数据来确定接收机位置的方式，它只能采用伪距观测量，可用于车船等的概略导航定位，如图 4.17 所示。相对定位(差分定位)是根据两台以上接收机的观测数据来确定观测点之间相对位置的方法，它既可采用伪距观测量也可采用相位观测量。大地测量或工程测量均应采用相位观测值进行相对定位，如图 4.18 所示。

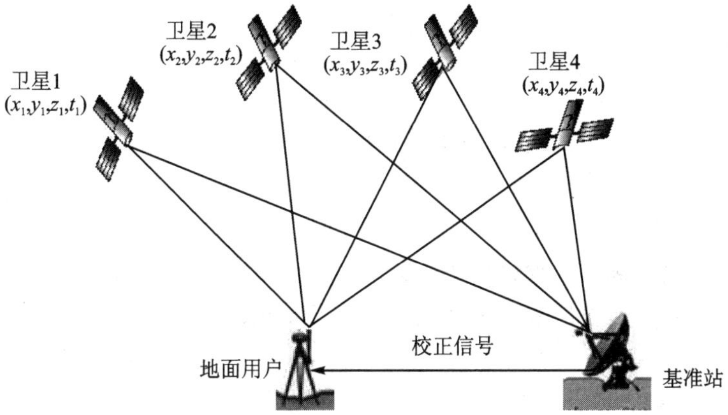

图 4.18　相对定位

在 GPS 观测量中包含卫星和接收机的钟差、大气传播延迟、多路径效应等误差，在定位计算时还会受到卫星广播星历误差的影响，而在进行相对定位时，大部分公共误差被抵消或削弱了，因此定位精度大大提高。双频接收机可以根据两个频率的观测量来抵消大气中电离层误差的主要部分，在精度要求高、接收机间距离较远的情况下(大气有明显差别)，应选用双频接收机。

就多旋翼无人机而言，在使用单点定位 GPS 接收机模块时，可选择 u-blox 公司的 u-blox NEO－7M GPS 接收机模块，如图 4.19 所示。该模块价格低，单价约为 100 元，体积、质量、功耗均较小，水平定位精度可达 2.5 m，最大更新频率为 10 Hz，速度精度为 0.1 m/s，航向精度为 0.5°。

相对定位可选择星网宇达科技公司的集成 GPS、BDS 及 GLONASS 的高动态性能接收机模块 GNSS1037(见图 4.20)，该模块采用 RTK 技术(载波相位差分技术)，其水平定位精度可达 1 cm，垂直方向定位精度为 2 cm，数据更新频率可达 10 Hz，但由于其需要配备基准站，因此价格昂贵，一套系统一般需要 20 万元左右。

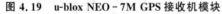

图 4.19　u-blox NEO－7M GPS 接收机模块

图 4.20　星网宇达科技公司的 GNSS1037 模块

u-blox NEO－7M 等 GPS 接收机模块通过串口发出的数据采用 NEMA－0183 协议输出 GPS 定位数据。NMEA－0183 协议的格式以“$”开始，主要语句有 GPGGA、GPRMC、GPVTG、GPGGA、GPGSA、GPGSV 等，例如：

```
$GPGGA,121252.000,3937.3032,N,11611.6046,E,1,05,2.0,45.9,M,-5.7,M,,0000*77
$GPRMC,121252.000,A,3958.3032,N,11629.6046,E,15.15,359.95,070306,,,A*54
$GPVTG,359.95,T,,M,15.15,N,28.0,K,A*04
$GPGGA,121253.000,3937.3090,N,11611.6057,E,1,06,1.2,44.6,M,-5.7,M,,0000*72
$GPGSA,A,3,14,15,05,22,18,26,,,,,,,2.1,1.2,1.7*3D
$GPGSV,3,1,10,18,84,067,23,09,67,067,27,22,49,312,28,15,47,231,30*70
```

(1) GPGGA 帧数据

GPGGA 表示 GPS 固定数据输出语句，这是一帧 GPS 定位的主要数据，也是使用最广的数据。它的一帧数据格式为：“$GPGGA，<1>，<2>，<3>，<4>，<5>，<6>，<7>，<8>，<9>，M，<10>，M，<11>，<12>*hh<CR> <LF>”。每项代表的信息含义如下：

<1> UTC 时间，hhmmss(时分秒)格式；

<2> 纬度 ddmm.mmmm(度分)格式(前面的 0 也将被传输)；

<3> 纬度半球 N(北半球)或 S(南半球)；

<4> 经度 dddmm.mmmm(度分)格式(前面的 0 也将被传输)；

<5> 经度半球 E(东经)或 W(西经)；

<6> GPS 状态：0＝未定位，1＝非差分定位，2＝差分定位，6＝正在估算；

<7> 正在使用解算位置的卫星数量(00～12)(前面的 0 也将被传输);

<8> HDOP 水平精度因子(0.5～99.9);

<9> 海拔高度(－9 999.9～99 999.9);

<10> 地球椭球面相对大地水准面的高度;

<11> 差分时间(从最近一次接收到差分信号开始的秒数,如果不是差分定位将为空);

<12> 差分站 ID 号 0000～1023(前面的 0 也将被传输,如果不是差分定位将为空)。

(2) GPRMC 帧数据

GPRMC 表示建议使用最小 GPS 定位数据格式。它的一帧数据格式为:"$GPRMC,<1>,<2>,<3>,<4>,<5>,<6>,<7>,<8>,<9>,<10>,<11>,<12>*hh<CR> <LF>"。每项代表的信息含义如下:

<1> UTC 时间,hhmmss(时分秒)格式;

<2> 定位状态:A＝有效定位,V＝无效定位;

<3> 纬度 ddmm.mmmm(度分)格式(前面的 0 也将被传输);

<4> 纬度半球 N(北半球)或 S(南半球);

<5> 经度 dddmm.mmmm(度分)格式(前面的 0 也将被传输);

<6> 经度半球 E(东经)或 W(西经);

<7> 地面速率(000.0～999.9 节,前面的 0 也将被传输);

<8> 地面航向(000.0～359.9°,以真北为参考基准,前面的 0 也将被传输);

<9> UTC 日期,ddmmyy(日月年)格式;

<10> 磁偏角(000.0～180.0°,前面的 0 也将被传输);

<11> 磁偏角方向,E(东)或 W(西);

<12> 模式指示(仅 NMEA0183 3.00 版本输出,A＝自主定位,D＝差分定位,E＝估算,N＝数据无效)。

(3) GPVTG 帧数据

GPVTG 表示地面速度信息。它的一帧数据格式为:"$GPVTG,<1>,T,<2>,M,<3>,N,<4>,K,<5>*hh<CR> <LF>"。每项代表的信息含义如下:

<1> 以真北为参考基准的地面航向(000～359°,前面的 0 也将被传输);

<2> 以磁北为参考基准的地面航向(000～359°,前面的 0 也将被传输);

<3> 地面速率(000.0～999.9 节,前面的 0 也将被传输);

<4> 地面速率(0 000.0～1 851.8 km/h,前面的 0 也将被传输);

<5> 模式指示(仅 NMEA0183 3.00 版本输出,A＝自主定位,D＝差分定位,E＝估算,N＝数据无效)。

(4) GPGSA 帧数据

GPGSA 表示当前卫星信息,主要包括定位模式、卫星数、位置精度因子、水平精度因子、垂直精度因子等信息。它的一帧数据格式为:"$GPGSA,<1>,<2>,<3>,<3>,…,<3>,<3>,<3>,<4>,<5>,<6>,<7><CR><LF>"。每项代表的信息含义如下:

<1> 模式:M＝手动,A＝自动;

<2> 定位形式:1＝未定位,2＝二维定位,3＝三维定位;

＜3＞ PRN 数字：01～32 表天空使用中的卫星编号，最多可接收 12 颗卫星信息；

＜4＞ PDOP 位置精度因子(0.5～99.9)；

＜5＞ HDOP 水平精度因子(0.5～99.9)；

＜6＞ VDOP 垂直精度因子(0.5～99.9)；

＜7＞ Checksum(检查位)。

(5) GPGSV 帧数据

GPGSV 表示可见卫星信息。它的一帧数据格式为："$GPGSV，＜1＞，＜2＞，＜3＞，＜4＞，＜5＞，＜6＞，＜7＞，…，＜4＞，＜5＞，＜6＞，＜7＞，＜8＞＜CR＞＜LF＞"。每项代表的信息含义如下：

＜1＞ GSV 语句的总数；

＜2＞ 本句 GSV 的编号；

＜3＞ 可见卫星的总数，00～12；

＜4＞ 卫星编号，01～32；

＜5＞ 卫星仰角，00～90°；

＜6＞ 卫星方位角，000～359°，实际值；

＜7＞ 信号噪声比(C/No)，00～99 dB，无表示未接收到信号；

＜8＞ Checksum(检查位)。

其中，第＜4＞、＜5＞、＜6＞、＜7＞项个别卫星会重复出现，每行最多有 4 颗卫星，其余卫星信息会于次一行出现，若未使用，则这些字段空白。

一般来说，我们使用 GPRMC 帧数据来获得纬度、经度、地面速率及地面航向等与多旋翼无人机导航相关的位置、速度等信息，或是使用 GPGGA 帧数据以获得经度、纬度、海拔高度等三维位置信息。实际上，对于多旋翼无人机，这两种帧数据各有各的特点，都需要与其他短距离测量传感器构成全局与局部的测量，进而实现对飞行器的导航。如果说是小范围的飞行，则采用 GPRMC 帧数据具有优势；如果是超视距飞行，则采用 GPGGA 帧数据格式。

需要注意的是，作为一种位置传感器，GPS 具有诸多的问题，GPS 信号只有在开阔的空间内才能给出比较好的测量值，因为 GPS 接收机需要从天上的卫星获得信号，这些信号要从太空传入大气层，这么远的距离，相对来说信号已经很微弱，所以必须要求接收机和卫星之间的连线上没有遮挡，一旦有建筑甚至是树木的遮挡，来自卫星的信号就会有噪声，GPS 接收机就不能给出很好的位置和速度观测。在室内环境中，GPS 接收机甚至完全不能使用。为了获得飞行器的三维空间位置信息，就需要寻找其他能够在 GPS 接收机不能使用的环境中使用的传感器。另外，GPS 接收机模块有冷启动及热启动之分，一般冷启动时，需要 30 s～2 min 的时长等待 GPS 接收机获得稳定的卫星定位数据，而热启动则仅需要几秒的时间就可获得稳定的卫星定位数据，因此在硬件系统设计时需要考虑到该点。

4.4.2 气压高度计

在 4.4.1 小节中讲到采用 GPS 可以获得多旋翼无人机在三维空间中的位置信息，但需要注意的是，当采用单点 GPS 对飞行器进行定位时，GPS 提供的水平面位置信息具有一定的精度，如达到 2.5 m 的定位精度，但是其提供的海拔高度的精度却相对较低(高度误差可达 10 m)。因此，仅仅采用 GPS 是不能实现精确高度信息的供给的，故需要其他的高度传感器来一起提供相应的高度信息。气压高度计就是其中一个能够在对流层这个全局范围内提供高度信息的传感器。

随着海拔高度的上升、地表空气厚度的减少，气压下降，于是可以通过测量得到的所在地的大气压与标准值的比较而得出高度值，这就是气压高度计的基本工作原理。气压高度计是飞行器不可或缺的仪表设备，其高度信息是飞行器测控系统的关键参数之一，高度信息的准确与否对飞行器能否安全飞行起着至关重要的作用。

根据国际标准化组织制定的《国际标准 IS02533—标准大气》，可以得到在对流层高度范围内重力势高度和相应高度上的大气压力之间的关系式，由于重力势高度常称为标准气压高度，所以将相应的公式称为标准气压高度公式，即

$$\left.\begin{aligned} H &= \frac{T_b}{\beta}\left[\left(\frac{p_H}{p_b}\right)^{-\beta R/g}-1\right], \qquad 0 < H < 11\ \text{km} \\ H &= 11\ 000+\left(\frac{RT_b}{g}\right)\ln\left(\frac{p_b}{p_H}\right), \quad 11\ \text{km} < H < 20\ \text{km} \end{aligned}\right\} \tag{4.24}$$

式(4.24)中，H 为重力势高度；T_b 和 p_b 分别为国际标准大气在相应高度层的大气温度和压力的下限值；p_H 为传感器测得的大气静压：β 为标准大气相应高度层的温度垂直变化率，其值为$-0.006\ 5$ K/m；g 为标准海平面重力加速度，其值为 9.806 65 m/s^2；R 为空气专用气体常数，287.052 87 $m^2/(K \cdot s^2)$。一般多旋翼无人机的飞行高度在海拔 11 km 之下，在此飞行空间范围内，T_b 为标准大气海平面的温度，其值为 288.15 K；p_b 为标准大气海平面的静压力，其值为 101 325 Pa。

式(4.24)给出了一个简洁的利用测量大气静压进行高度测量的公式，但需要注意的是，实际中采用气压传感器进行大气静压测试时，需要考虑飞行器实际的飞行环境背景。一方面，气压传感器的测量值会受到地球大气变动(温度、湿度、空气流速)、振动等因素的影响，环境大气压力与温度始终处于波动状态；另一方面，当飞行器接近地面或者降落时，飞行器螺旋桨的气流与地面作用会产生压力，这时气压传感器测得的数值可能会受到影响。

关于第一方面的影响，可采取两个措施进行高度信息的处理：

① 基于所采用的传感器模块的内置温度传感器进行温度补偿(由于大气变动比较缓慢，因此短时间内气压高度表精度较高。不过随着时间变长，大气压力与温度波动变大，会给高度测量带来较大误差，因此气压高度计的测量准确度难以得到保证，不能完全依赖其提供高度信息)；关于振动的影响主要采用减振措施。

② 当飞行器处于高空飞行状态时，可以将 GPS 的高程信息(GPS 高程信息的准确度，尤其在近地面时的准确度相对较差，而且其安全性也可能受到影响而不能得到保障，因此不能完全依赖 GPS 提供高度信息)与气压高度计的动态信息进行高度的信息融合，将 GPS 提供的长周期低频基准高程信息与气压高度计提供的短周期高频动态信息进行融合，用各自的优点互补，研制成一种低成本、高精度的组合高度系统；也可以利用加速度计测得的垂直方向的信息与气压高度计信息进行滤波融合以得到可靠的高度信息。

关于第二方面因素的影响，主要采用物理措施进行隔离，可以将传感器飞控板移出受螺旋桨气流影响的地方，或是用通风的外壳罩住它。

图 4.21 所示为压阻式硅微压力传感器 MS5611 - 01BA03，该传感器是由 MEAS 公司在瑞士分公司设计并生产的新一代高分辨率的测高传感器。MS5611 - 01BA03 是一种使用 MEMS 技术把高线性的硅压阻传感器和低功耗的模/数转换接口电路集成于一体的数字气压

传感器单元，其主要功能就是把测得的未经补偿的模拟气压经过 ADC 模块转换成 24 位的数字气压值输出，同时也可以输出一个 24 位的数字温度。其工作电压为 1.8～3.6 V，高度分辨率可高达 10 cm，气压强度测量范围为 10～1 200 mbar(1 mbar＝100 Pa)，温度测量范围为 －40～＋85 ℃。每个传感器都有其独立的出厂校准值被存储在一个内部的 128 bit 的 PROM 中。要使用这些值需要用软件来读取并通过程序转换成标准气压值和温度值。该器件支持 SPI 和 I^2C 总线协议，可与任何微处理器通信匹配。MS5611－01BA03 具有体积小、功耗低、精度和分辨率高、响应时间短等特点，被广泛应用于气压高度计、手持仪器、智能设备等领域，适用于多旋翼无人机的气压高度计设计。

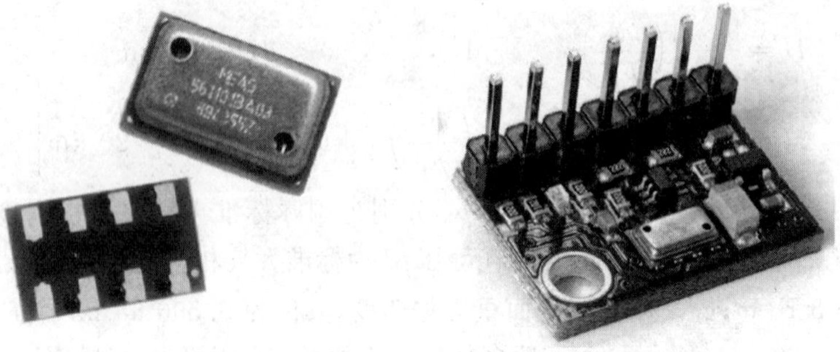

图 4.21　压阻式硅微压力传感器 MS5611－01BA03

MS5611－01BA03 气压高度计的气压和温度数据处理计算步骤如下：

① 开始。计算：p_{min}＝10 mbar，p_{max}＝1 200 mbar，T_{min}＝－40 ℃，T_{max}＝85 ℃，T_{REF}＝20 ℃。

② 从 PROM 中读取出厂校准数据，如表 4.3 所列。

表 4.3　出厂校准数据

变　量	描述|方程	推荐变量类型	大小/bit	值		例子/典型
				min	max	
C1	压力灵敏度|$SENS_{T1}$	uint 16	16	0	65 535	40 127
C2	压力抵消|OFF_{T1}	uint 16	16	0	65 535	36 924
C3	温度压力灵敏度系数|TCS	uint 16	16	0	65 535	23 317
C4	温度系数的压力抵消|TCO	uint 16	16	0	65 535	23 282
C5	参考温度 T_{REF}	uint 16	16	0	65 535	33 464
C6	温度系数的温度|TEMPSENS	uint 16	16	0	65 535	28 312

③ 读取数字压力值和数字温度值，如表 4.4 所列。

表 4.4　数字压力值和数字温度值

变　量	描述|方程	推荐变量类型	大小/bit	值		例子/典型
				min	max	
D1	数字压力值	uint 32	24	0	16 777 216	9 085 466
D2	数字温度值	uint 32	24	0	16 777 216	8 569 150

④ 计算温度，如表 4.5 所列。

表 4.5　温　度

变　量	描述|方程	推荐变量类型	大小/bit	值		例子/典型
				min	max	
dT	实际和参考温度之间的差异： $dT=D2-T_{REF}=D2-C5\times 2^8$	uint 32	25	−16 776 960	16 777 216	2 366
TEMP	测量范围为(−40～85 ℃，分辨率为 0.01 ℃)： $TEMP=20\ ℃+dT\times TEMPSENS=2\ 000+dT\times C6/2^{23}$	uint 32	41	−4 000	8 500	2007 表示 20.07 ℃

⑤ 计算温度补偿下的气压值，主要是对温度低于 20 ℃时的压力数据进行补偿计算，如表 4.6 所列。

表 4.6　温度补偿下的气压值

变　量	描述|方程	推荐变量类型	大小/bit	值		例子/典型
				min	max	
OFF	实际温度抵消： $OFF=OFF_{T1}+TCO\times dT=C2\times 2^{16}+(C4\times dT)/2^7$	uint 64	41	−8 589 672 450	12 884 705 280	2 420 281 617
SENS	实际温度灵敏度： $SENS=SENS_{T1}+TCS\times dT=C1\times 2^{15}+(C3\times dT)/2^8$	uint 64	41	−4 294 836 225	6 442 352 640	1 315 097 036
P	温度补偿压力(测量范围为 10～1 200 mbar，分辨率为 0.01 mbar) $P=D1\times SENS-OFF=(D1\times SENS/2^{21}-OFF)/2^{15}$	uint 32	58	1 000	—	100009 表示 1 000.09 mbar

⑥ 得到气压和温度值。

⑦ 相对高度换算。

大气压力在数值上等于所在海拔高度往上直到大气上界整个空气柱的质量。一般的海拔高度换算参考公式如下：

$$\text{Altitude}=44\ 330\left[1-\left(\frac{p}{p_0}\right)^{1/5.225}\right] \tag{4.25}$$

式(4.25)中，Altitude 为高度，单位为 m；p 为对应当前高度的大气压力值；p_0 为标准大气压值。

由于式(4.25)中采用的是标准大气压和标准大气压下的温度值，因此在具体的测试环境下并不准确，此时应采用具体测试环境下的气压和温度值进行计算，这样才更加准确。采用式(4.24)的换算方法，将式(4.24)中的常量代入，即

$$\left.\begin{aligned}&T=T_g+273.15\\&\text{Alt}=153.846\ 2\times T\times\{1-\exp[0.190\ 259\ln(p/p_g)]\}\end{aligned}\right\} \tag{4.26}$$

式(4.26)中，p_g 和 T_g 为系统初始化标定时计算出的地面气压和温度值，其中，温度需要转换为标准温度 T；p 为对应高度的压力值；Alt 为系统测得的相对高度。

在使用气压高度计测量高度时，需要对测得的数据进行滤波处理(最值滑动平均滤波和低通软件滤波)。气压高度测量的是大气静压，高度测量滤波的实质是气压测量的滤波。最值滑动平均滤波是为了消除数据的随机误差，即在连续的 n 个测量值中去除最小值和最大值，用其余的 $n-2$ 个值来求算术平均值并作为当前测量值。因为高度是由气压换算而来的，所以确保气压值的准确性尤为重要，故在程序中对气压数据就用了该方法来去除测量数据中的毛刺。

在系统初始化中有一个标定过程，需要计算出起飞点的地面气压值和温度值，这两个值对后面的高度解算非常重要，并且初始化后不能再修改，所以必须保证这两个值尽可能的精确，故采用了软件低通滤波对它们进行优化滤波，方程式为

$$Q_n = kQ_{n-1} + (1-k)P_n \tag{4.27}$$

式(4.27)中，Q_n 为当前输出值；Q_{n-1} 为上次输出值；P_n 为当前输入值；k 为滤波系数($0<k<1$)，它直接影响着数值的稳定性和响应速度。

4.4.3 超声波测距模块

基于 GPS 及气压高度计获取多旋翼无人机高度信息的方法一般应用于飞行器飞行的高度远离于地面的情况(如 6 m 以上)，而飞行器在 0～6 m 的高度范围内若实现自主起飞与降落，则需要装备能够提供足够高度精度的传感器。基于超声波及激光的高度测距模块是其中的两个选择。

超声波测距原理

超声波传感器分为机械方式和电气方式两类。它实际上是一种换能器，在发射端把电能或机械能转换成声能，接收端则反之。本次设计的超声波传感器采用电气方式中的压电式超声波换能器，它是利用压电晶体的谐振来工作的，有两个压电晶片和一个共振板。当在超声波传感器的两电极外加脉冲信号，其频率等于压电晶片的固有振荡频率时，压电晶片将发生共振，并带动共振板振动，产生超声波。反之，如果两电极间未外加电压，那么当共振板接收到超声波时，将压迫压电晶片做振动，将机械能转换为电信号，这就成为超声波接收器了。在超声波电路中，发射端输出一系列脉冲方波，脉冲宽度越大，输出的个数越多，能量越大，所能测的距离也就越远。超声波发射器与超声波接收器在结构上稍有不同，使用时应分清器件上的标志。

超声波测距的方法有多种：如往返时间检测法、相位检测法、声波幅值检测法。常用往返时间检测法测距，该方法通过超声波发射器向某一方向发射超声波，在发射的同时开始计时，超声波在空气中传播时碰到障碍物就立即返回来，超声波接收器收到反射波就立即停止计时。超声波在空气中的传播速度为 v，根据计时器的记录测出发射和接收回波的时间差 Δt，就可以计算出发射点距障碍物的距离 S，即

$$S = v \cdot \Delta t/2 \tag{4.28}$$

由于超声波也是一种声波，故其传播速度 v 与空气中的温度、湿度、压强等因素有关，其中，受温度的影响较大，如温度每升高 1 ℃，声速约增加 0.6 m/s。表 4.7 列出了几种不同温度下的声速。使用时，如果温度变化不大，则可认为声速是基本不变的。常温下超声波的传

播速度是334 m/s。如果测距精度要求很高，则应通过温度补偿的方法加以校正。若已知现场环境温度 T，则超声波传播速度 v 的计算公式为

$$v = 331.45 + 0.607T \tag{4.29}$$

表4.7　声速与温度的关系表

温度/℃	−30	−20	−10	0	10	20	30	100
声速/($m \cdot s^{-1}$)	313	319	325	332	338	344	349	386

声速确定后，只要测得超声波往返的时间即可求得距离。这就是超声波测距仪的机理。

现有的超声波测距模块主要有两种形式：一种是收发分离型，如图4.22所示的KS103超声波测距模块，其包含一个超声波发射器和一个超声波接收器。超声波信号通过超声波发射器发射到空气中，遇被测物反射后回波被超声波接收器接收。另一种是收发一体型，如图4.23所示的KS109超声波测距模块，它的超声波发射器和超声波接收器是一体的。

图4.22　KS103超声波测距模块

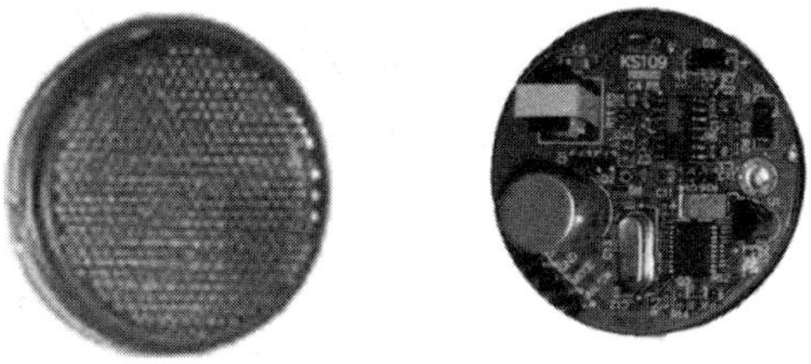

图4.23　KS109超声波测距模块

表4.8所列为两款超声波测距模块的参数对比，其中，KS109的最大量程要比KS103的远一些（注意：不同物体因表面、材质特性的不同，对超声波的吸收和反射程度也不同，因此实际测量距离会有所不同）。两种测距模块都可采用 I^2C 或是TTL串口通信，方便飞控系统集成。这两种超声波测距模块都采用了温度补偿方案，因此测距精度较高，能够满足多旋翼无人机起降的高度精度要求；而且探测数据频率能够达到10 Hz以上，满足高度控制时所需的带宽需求。从波束角对比来看，KS109的发射能量及接收能量更为集中，对于多旋翼无人机，其更具优势。从功耗上来看，KS103的优势更加明显。所以，对于这两种测距模块，需要根据飞行器的性能进行折中选择。需要注意的是：在安装过程中要尽量保证超声波测距模块垂直对地以保证测距信息的有效性，否则需要经过坐标变换矩阵进行换算。

表4.8　KS103与KS109超声波测距模块的参数对比

参　数	KS103	KS109
最大量程	测墙8 m，测水面4 m	测墙10 m，测水面5 m
最小盲区/cm	1	3
测距精度/mm	3	5
波束角	30 cm内5°～10°，30 cm以上60°～70°	30 cm内5°～10°，30 cm以上10°～20°
探测频率/Hz	20～500	16～500
通信方式	I^2C/TTL串口	I^2C/TTL串口
输出方式	直接输出距离值(mm)或时间值(μs)	直接输出距离值(mm)或时间值(μs)

续表 4.8

参　数	KS103	KS109
工作电压	3.0～5.5 V,推荐 5.0～5.5 V	3.0～5.5V,推荐 5.0～5.5 V
工作瞬间最大电流	10.6 mA@5.0 V	500 mA@5.0 V
工作电流	1.6～2.7 mA@5.0 V	100 mA@5.0 V
价格	100 元左右	350 元左右

超声波传感器在发射超声波时沿传感器中轴线的延长线（垂直于传感器表面）方向上的超声射线能量最大。由此向外其他方向上的声波能量逐渐减弱。以传感器中轴线的延长线为轴线，由此向外，至能量强度减少一半（−3 dB）处，这个角度称为波束角，如图 4.24 所示。

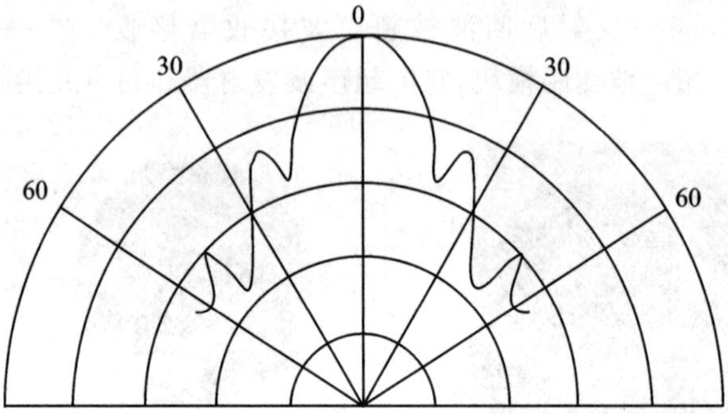

图 4.24　波束角

4.4.4　激光测距模块

激光测距模块是另一种可用于测量飞行器起降高度的传感器，它是利用激光对目标的距离进行准确测定的。激光测距模块在工作时向目标射出一束很细的激光，由光电元件接收目标反射的激光束，计时器测定激光束从发射到接收的时间，然后就可以计算出从测距模块到目标的距离。激光具有如下特点：亮度高；单色性好；相干性好；方向性好，激光具有非常小的光束发散角，经过长距离的飞行以后仍然能够保持直线传输。由于激光传播速度远大于声音在空气中的传播速度，相较于超声波测距模块，激光测距模块能够提供更高的带宽及更远的测量距离。

激光测距仪一般采用两种方式来测量距离：脉冲法和相位法。其中，脉冲法测距的过程是：测距仪发射出的激光经被测物体反射后又被测距仪接收，测距仪同时记录激光往返的时间，光速和往返时间乘积的一半就是测距仪和被测物体之间的距离。脉冲法测量距离的精度一般为±1 m 左右。另外，此类测距仪的测量盲区一般是 15 m 左右。

激光测距是光波测距中的一种测距方式，如果光以速度 c 在空气中传播，在 A、B 两点间往返一次所需的时间为 t，则 A、B 两点间的距离 D 可表示为

$$D = \frac{ct}{2} \tag{4.30}$$

式(4.30)中，c 是光速，为 299 792 458 m/s（假设光速未受环境影响）；t 为光往返 A、B 一次所需的时间。

相位法激光测距技术采用无线电波段频率的激光进行幅度调制，并测定正弦调制光往返

测距仪与目标物间距离所产生的相位差，根据调制光的波长和频率换算出激光飞行时间，再依次计算出待测距离。用正弦信号调制发射信号的幅度，检测从目标反射的回波信号与发射信号之间的相移 φ，通过计算即可得到待测距离 D。若调制光角频率为 ω，则对应时间 t 可表示为 $t=\varphi/\omega$，距离 D 为

$$D=\frac{ct}{2}=\frac{c(\varphi/\omega)}{2}=\frac{c\varphi}{4\pi f}=\frac{c(N\pi+\Delta\varphi)}{4\pi f}=\frac{c(N+\Delta N)}{4f} \tag{4.31}$$

式(4.31)中，$\Delta\varphi$ 是激光光束往返一次后所形成的相位差不足半波长的部分；N 是相位差中半波长的个数。相位法激光测距仪最为突出的特点是：最大测量距离通常为几百米，较容易达到毫米的数量级；测量精度高，可达到毫米级别。

图 4.25 所示的 LeddarOne 单线激光测距模块是加拿大 LeddarTech 公司的尺寸最小的 LiDAR 模块，主要应用于单点测量。该模块尺寸紧凑；功耗低；精度高；性能可靠，可适应严酷的环境，不受环境光的干扰；无活动部件，稳定性高；易集成，性价比高。与超声波测距模块相比，该激光测距模块价格要高，大概在 2 000 元左右，但作为同类的激光测距传感器，价格适中。表 4.9 所列为 LeddarOne 单线激光测距模块的参数，其可提供 70 Hz、40 m 的测距信息，可以作为多旋翼无人机起降高度测量的备用模块。

表 4.9　LeddarOne 单线激光测距模块的参数

参　数	值	参　数	值
光束散角	3°	工作电压/V	5
探测距离/m	0～40	物理接口	标准的六针，0.1 in 接头
数据采集频率/Hz	70	数据接口	3.3 V UART 或 RS－485
直径/mm	50.8	光源/nm	850
距离分辨率/mm	3	工作温度范围/℃	－45～85
质量/g	14	能耗/W	1.3

实际上，在高端的激光测距模块中还有激光雷达（如图 4.26 所示的 Leddar M16 及 SICK TiM561）。激光雷达是发射激光束探测目标的位置、速度等特征量的雷达系统，其原理是：向目标发射探测信号（激光束），然后将接收到的从目标反射回来的信号（目标回波）与发射信号进行比较，适当处理后，就可获得目标的有关信息，如目标距离、方位、高度、速度、姿态，甚至形状等参数。激光雷达可构建局部地图，适用于多旋翼无人机的局部精确导航与避障等。

图 4.25　LeddarOne 单线激光测距模块

(a) Leddar Ml6

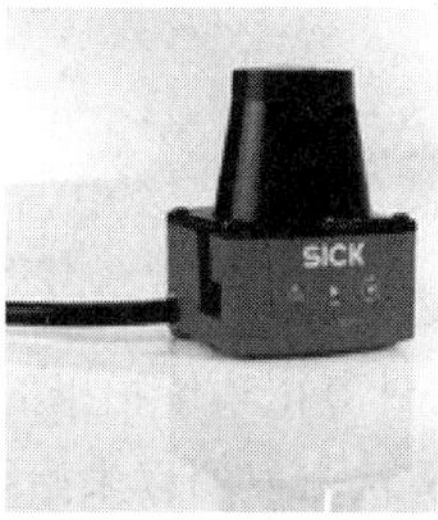

(b) SICK TiM561

图 4.26　Leddar M16 及 SICK TiM561

4.4.5 光流测速模块

当多旋翼无人机在室内或是GPS信号丢失的环境下飞行时,仅仅依靠惯性测量单元是不能实现飞行器的稳定悬停的,这时可采用视觉传感器。

1970年之后,随着数字成像技术的发展,相机作为一种传感器开始被广泛研究。因为人可以通过自己的视觉估计视野中物体的位置、距离,而相机的原理模拟了人的双眼,所以研究者们通过模仿人的双眼的特点,利用相机的二维图像反推图像中物体的三维信息。这种与二维图像推算三维信息相关的技术和数学理论就发展成了一个独立的学科——计算机视觉,也被称作机器视觉。

视觉感知系统是目前世界上最热门的机器人学和机器视觉领域的研究课题。其原理是利用一个或者多个相机构成的视觉传感器系统,采用复杂的算法,通过二维的相机图像推算出视野中物体相对于视觉传感器系统的几何中心的运动信息。假设这些物体都是静止的,那么相对运动其实就代表了视觉传感器本身的运动。

光流测速模块,顾名思义,只能测速度。通常一个光流测速模块由一个相机、一个惯性测量元件、一个超声波模块构成,它的主要原理是计算机视觉技术中于1981年被发展出来的"光流追踪"算法。"光流"的概念最早是在20世纪50年代由心理学家和生物学家提出的,指的是一个观察者和他在观察的事物发生相对运动时,所观察的事物在他眼前成的像会产生"运动的模式"(见图4.27),人脑利用这种"运动的模式"能够更灵敏地感知周围什么东西在动。光流的定义是:当一个物体在三维空间运动时,该物体在观察成像平面上的像素运动的瞬时速度。该瞬时速度是利用图像序列中像素在时间域上的变化以及相邻帧之间的相关性来找到上一帧跟当前帧之间存在的对应关系,从而计算出相邻帧之间物体的运动信息的一种方法。一般而言,光流是由于场景中前景目标本身的移动、相机的运动,或者两者的共同运动所产生的。

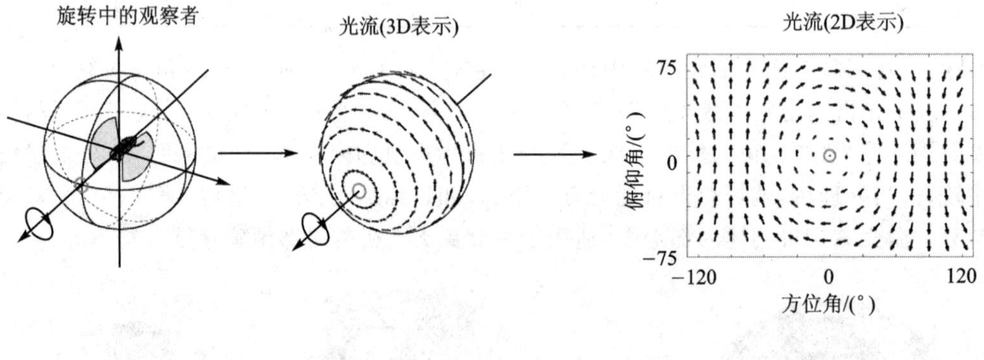

图4.27 光流向量三维及平面示意图

后来,计算机科学家布鲁斯·卢卡斯和金出武雄在1981年发明了Lucas-Kanade算法,利用该算法计算出连续拍摄的图片上的光流,并证明光流可以反解出相对运动的速度。Lucas-Kanade算法自发明以来始终被认为是最好的"光流追踪"算法。光流法检测运动物体的基本原理是:给图像中的每一个像素点赋予一个速度矢量,这就形成了一个图像运动场,在运动的一个特定时刻,图像上的点与三维物体上的点一一对应,这种对应关系可由投影关系得到,根据各个像素点的速度矢量特征(见图4.27)可对图像进行动态分析。如果图像中没有运动物体，则光流矢量在整个图像区域是连续变化的。当图像中有运动物体时，目标和图像背景存在相对运动，运动物体所形成的速度矢量必然与邻域背景速度矢量不同，从而检测出运动物体及位置。采用光流法进行运动物体检测的问题主要是大多数光流法计算的实时性和实用性都较差；而光流法的优点是，光流不仅携带了运动物体的运动信息，而且还携带了有关景物三维结构的丰富信息，它能够在不知道场景任何信息的情况下就能检测出运动对象。

需要注意的是，光流算法算出的速度是没有尺度的，因为相机图像的单位是像素，所以光流算法只能给出“你现在的速度是 10 个像素每秒”，但是没法算出 10 个像素是 1 cm 还是 1 m。恢复尺度的方式是增加一个超声波模块用来测量平面运动离相机的距离，这样就能够把像素运动转换成真实的运动。最后，如果要让光流测速模块在晃来晃去的多旋翼无人机上也能使用，则通过惯性测量元件找出图像所代表的平面也是必不可少的，这一点需要两种传感器在算法上进行很好的配合。

光流算法原理上只可以测量三维速度，不能直接测量三维位置。我们同样可以通过把光流测速模块测出的三维速度进行积分来获得三维位置，但是就像惯性测量元件积分会发散一样，光流测速模块积分得到的位置也会发散，但是，与组合导航技术中除了 GPS 之外的传感器妥善融合之后，它可以做到悬停时测量的位置不发散。因此，可以说光流测速模块只在有限的条件下能够替代 GPS。

目前，光流测速模块已经形成了非常标准的解决方案。著名的开源飞控产品 Pixhawk 中包含了一个叫作 PX4Flow 的光流测速模块（见图 4.28），并且所有的代码和硬件方案都是开源的。PX4Flow 是一款智能的光学流动传感器，其拥有原生 752×480 像素分辨率，计算光学流的过程中采用了 4 倍分级和剪裁算法，计算速度达到 250 Hz（白天，室外），具备非常高的感光度。与其他鼠标传感器不同，它可以 120 Hz（黑暗，室内）的计算速度在室内或者室外暗光环境下工作，而无需照明 LED。用户也可以对它重新编程，用于执行其他基础的、高效率的低等级机器视觉任务。

图 4.28　Pixhawk 的 PX4Flow 光流测速模块

当然，视觉传感器在多旋翼无人机方面的应用不仅在于测速，而且视觉与惯性测量单元结合在一起还能够实现视觉 SLAM、视觉里程计等以获得飞行器的三维空间位置。需要指出的是，这方面的工作更多的是基于鲁棒性、实时性高的视觉导航算法，以便在飞行器中获得应用。

表 4.10 所列为前述传感器：三轴加速度计、三轴陀螺仪、三轴磁强计、GPS 接收机、气压高度计、超声波测距模块、激光测距模块、光流测速模块的应用场合以及能够测量的飞行器的状态。

表 4.10　传感器应用场合及测量的飞行器的状态

传感器		是否参与该项状态的测量				
传感器类型	使用场景	三维位置	三维速度	三维加速度	三维角度	三维角速度
三轴加速度计	室内/室外		是	是		
三轴陀螺仪	室内/室外				是	是
三轴磁强计	室内/室外				是	

续表 4.10

传感器		是否参与该项状态的测量				
传感器类型	使用场景	三维位置	三维速度	三维加速度	三维角度	三维角速度
GPS 接收机	室外	是	是			
气压高度计	室内/室外	一维位置	一维速度			
超声波测距模块	室内/室外	一维位置	一维速度			
激光测距模块	室内/室外	一维位置	一维速度			
光流测速模块	室内/室外		是			

4.5 传感器数据的融合

前面讲到在多旋翼无人机上用的低成本 MEMS 惯性测量元件的精度不够，利用它测量的加速度及角速率积分得到的速度和位置在几秒内就会发散到几十米以外去，无法实现定位功能。另外，惯性测量元件还会受到温度、制造工艺的限制，产生一些测量偏差。比如，有时温度突然变化后，一个静止的惯性测量元件会觉得自己转动起来，虽然它静止着，但是会输出不为零的角速率。这类测量的偏差需要算法进行修正。

对于多旋翼无人机，根据配备的传感器类型，主要有两种方式进行传感器数据的融合处理：一种是基于三轴加速度计、三轴陀螺仪、三轴磁强计搭建的 AHRS 航姿参考系统；另一种是基于三轴加速度计、三轴陀螺仪、三轴磁强计、GPS、气压高度计（配合测高模块或视觉模块）等搭建的组合导航系统。

4.5.1 AHRS 航姿参考系统

AHRS 传感器的基本组成为三轴陀螺仪、三轴加速度计、三轴磁强计，如图 4.29 所示。三轴加速度计和三轴磁强计能分别测量出重力加速度和地磁场这两个不相关的三维矢量，可以作为平台姿态的观测矢量来校准陀螺仪。目前主要有基于互补滤波和扩展卡尔曼滤波（EKF）两种方法进行 AHRS 的欧拉角解算。这里主要讲述扩展卡尔曼滤波方法，其可以结合上述几种传感器的特点，以陀螺仪测量得到的角速率作预测更新，以重力加速度和磁场作观测更新，得到更高精度的姿态角信息。图 4.29 中的高度信息由气压高度计及超声波测距模块（或激光测距模块）提供，水平面速度信息由光流测速模块提供。

1. 四元数与欧拉角的关系

对于无人机的姿态描述，常用的方法有欧拉角和四元数两种，其中，欧拉角具有形象、容易理解的特点，但是欧拉角涉及大量的三角函数运算，会耗费大量的处理器的计算资源，而且当俯仰角为 90°时会出现奇异性；而四元数具有运算简单、没有奇异性的特点。四元数的数学概念是由哈密顿于 1843 年提出的，是由 1 个实数单位和 3 个虚数单位 i、j、k 组成并具有下列实元的数，即

$$q = q_0 + q_1\mathrm{i} + q_2\mathrm{j} + q_3\mathrm{k} \tag{4.32}$$

式(4.32)中的 4 个量满足关系：$q_0^2 + q_1^2 + q_2^2 + q_3^2 = 1$。四元数与欧拉角的关系有

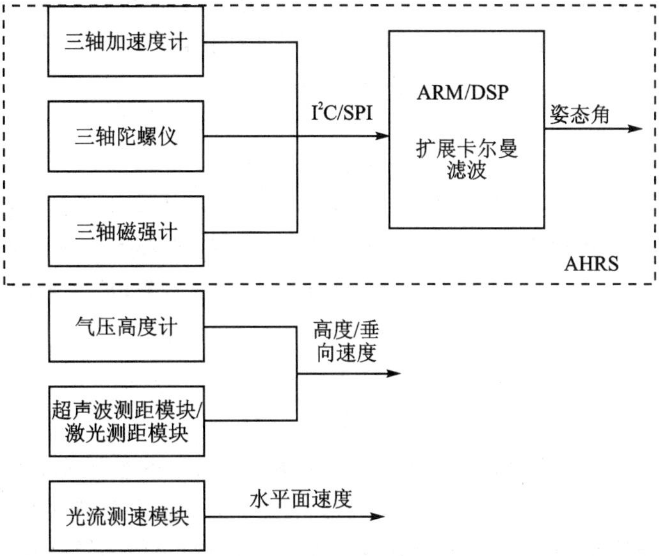

图 4.29　多旋翼无人机分散式导航方案

$$\left.\begin{aligned}\phi &= a\tan\left[\frac{2(q_0q_1+q_2q_3)}{q_3^2-q_2^2-q_1^2+q_0^2}\right]\\ \theta &= -a\sin\left[2(q_1q_3-q_0q_2)\right]\\ \psi &= a\tan\left[\frac{2(q_0q_3+q_1q_2)}{q_0^2+q_1^2-q_2^2-q_3^2}\right]\end{aligned}\right\} \tag{4.33}$$

采用四元数表示从飞行器本体坐标系转移到导航坐标系的方向余弦矩阵 $\boldsymbol{C}_\mathrm{b}^\mathrm{n}$ 为

$$\boldsymbol{C}_\mathrm{b}^\mathrm{n}=\begin{bmatrix} q_0^2+q_1^2-q_2^2-q_3^2 & 2(q_1q_2-q_0q_3) & 2(q_1q_3+q_0q_2)\\ 2(q_1q_2+q_0q_3) & q_0^2-q_1^2+q_2^2-q_3^2 & 2(q_2q_3-q_0q_1)\\ 2(q_1q_3-q_0q_2) & 2(q_0q_1+q_2q_3) & q_0^2-q_1^2-q_2^2+q_3^2\end{bmatrix} \tag{4.34}$$

四元数的微分方程为

$$\dot{\boldsymbol{q}}=\frac{1}{2}\boldsymbol{\Omega}(\boldsymbol{\omega}_b)\boldsymbol{q}=\frac{1}{2}\boldsymbol{Z}(\boldsymbol{q})\boldsymbol{\omega}_b \tag{4.35}$$

式(4.35)中，$\boldsymbol{q}=[q_0\quad q_1\quad q_2\quad q_3]^\mathrm{T}$，$\boldsymbol{\omega}_b=[\omega_x\quad \omega_y\quad \omega_z]^\mathrm{T}$，$\boldsymbol{\Omega}(\boldsymbol{\omega}_b)=\begin{bmatrix}0 & -\omega_x & -\omega_y & -\omega_z\\ \omega_x & 0 & \omega_z & -\omega_y\\ \omega_y & -\omega_z & 0 & \omega_x\\ \omega_z & \omega_y & -\omega_x & 0\end{bmatrix}$，

$\boldsymbol{Z}(\boldsymbol{q})=\begin{bmatrix}-q_1 & -q_2 & -q_3\\ q_0 & -q_3 & q_2\\ q_3 & q_0 & -q_1\\ -q_2 & q_1 & q_0\end{bmatrix}$。

2. 扩展卡尔曼滤波

扩展卡尔曼滤波算法是一种实时的算法，是一种基于随机理论的非线性最优估计滤波算法，为组合导航系统的核心算法。卡尔曼滤波算法利用系统状态的统计信息和传感器误差的统计信息实现对状态的最优估计，是线性卡尔曼滤波算法的非线性扩充算法，使用系统非线性模型的雅可比矩阵进行状态向量的传递和预测。设非线性随机差分状态方程为

$$\boldsymbol{x}_k = \boldsymbol{f}(\boldsymbol{x}_{k-1}, \boldsymbol{u}_{k-1}, \boldsymbol{w}_{k-1}) \tag{4.36}$$

观测方程为

$$\boldsymbol{z}_k = \boldsymbol{h}(\boldsymbol{x}_k, \boldsymbol{v}_k) \tag{4.37}$$

其中，随机变量 $\boldsymbol{w}_{k-1}$ 和 $\boldsymbol{v}_k$ 分别为过程激励噪声和观测噪声，设矩阵 $\boldsymbol{Q}$、$\boldsymbol{R}$ 分别为过程激励噪声协方差和观测噪声协方差。扩展卡尔曼滤波算法的计算过程分为时间更新和观测更新两个过程。时间更新过程为根据系统输入向量进行进一步预测，更新系统状态向量及其协方差矩阵如下：

$$\left.\begin{aligned} \hat{\boldsymbol{x}}_k^- &= \boldsymbol{f}(\hat{\boldsymbol{x}}_{k-1}, \boldsymbol{u}_{k-1}, 0) \\ \boldsymbol{P}_k^- &= \boldsymbol{A}_k \boldsymbol{P}_{k-1} \boldsymbol{A}_k^{\mathrm{T}} + \boldsymbol{G}_k \boldsymbol{Q}_{k-1} \boldsymbol{G}_k^{\mathrm{T}} \end{aligned}\right\} \tag{4.38}$$

其中，“$-$”代表先验，“$\hat{}$”代表估计；定义 $\hat{\boldsymbol{x}}_k^- \in \boldsymbol{R}^n$ 为状态变量的先验状态估计，$\hat{\boldsymbol{x}}_{k-1} \in \boldsymbol{R}^n$ 为已知测量变量 $\boldsymbol{z}_k$ 时第 $k-1$ 步的先验状态估计；$\boldsymbol{P}_{k-1}$ 为后验估计误差的协方差矩阵；$\boldsymbol{P}_k^-$ 为先验估计误差的协方差矩阵，$n \times n$ 阶增益矩阵 $\boldsymbol{A}_k$ 及系统噪声传递矩阵 $\boldsymbol{G}_k$ 是系统状态方程 $\boldsymbol{f}$ 对 $\boldsymbol{x}$ 及 $\boldsymbol{w}$ 分别求偏导的雅可比矩阵：

$$\left.\begin{aligned} \boldsymbol{A}_k[i,j] &= \frac{\partial \boldsymbol{f}[i]}{\partial \boldsymbol{x}[j]}(\hat{\boldsymbol{x}}_{k-1}, \boldsymbol{u}_{k-1}, 0) \\ \boldsymbol{G}_k[i,j] &= \frac{\partial \boldsymbol{f}[i]}{\partial \boldsymbol{w}[j]}(\hat{\boldsymbol{x}}_{k-1}, \boldsymbol{u}_{k-1}, 0) \end{aligned}\right\} \tag{4.39}$$

式(4.39)中，$\boldsymbol{f}[i]$表示状态方程向量中的第 i 个方程，$\boldsymbol{x}[j]$表示状态向量中的第 j 个状态量，$\boldsymbol{w}[j]$表示噪声向量中的第 j 个噪声，$\boldsymbol{A}_k[i,j]$表示增益矩阵中第 i 行、第 j 列的元素，$\boldsymbol{G}_k[i,j]$表示系统噪声传递矩阵中第 i 行、第 j 列的元素。

观测更新是依据观测量对系统状态变量进行观测校正运算的过程，首先计算卡尔曼增益矩阵 $\boldsymbol{K}_k$，然后使用观测量与状态量的差值校正系统状态以及更新系统状态的协方差矩阵。

$$\left.\begin{aligned} \boldsymbol{K}_k &= \boldsymbol{P}_k^- \boldsymbol{H}_k^{\mathrm{T}} (\boldsymbol{H}_k \boldsymbol{P}_k^- \boldsymbol{H}_k^{\mathrm{T}} + \boldsymbol{R}_k)^{-1} \\ \hat{\boldsymbol{x}}_k &= \hat{\boldsymbol{x}}_k^- + \boldsymbol{K}_k [\boldsymbol{z}_k - \boldsymbol{h}(\hat{\boldsymbol{x}}_k^-, 0)] \\ \boldsymbol{P}_k &= (\boldsymbol{I} - \boldsymbol{K}_k \boldsymbol{H}_k) \boldsymbol{P}_k^- (\boldsymbol{I} - \boldsymbol{K}_k \boldsymbol{H}_k)^{\mathrm{T}} + \boldsymbol{K}_k \boldsymbol{R}_k \boldsymbol{K}_k^{\mathrm{T}} \end{aligned}\right\} \tag{4.40}$$

式(4.40)中，$\boldsymbol{H}_k$ 是观测方程 $\boldsymbol{h}$ 对 $\boldsymbol{x}$ 求偏导的雅可比矩阵：

$$\boldsymbol{H}_k[i,j] = \frac{\partial \boldsymbol{h}[i]}{\partial \boldsymbol{x}[j]}(\hat{\boldsymbol{x}}_k, 0) \tag{4.41}$$

其中，$\boldsymbol{R}_k$ 为观测噪声的协方差矩阵。测量变量及其预测值之差 $\boldsymbol{z}_k - \boldsymbol{h}(\hat{\boldsymbol{x}}_k^-, \boldsymbol{0})$被称为测量过程的革新或残余。残余反映了预测值和实际值之间的不一致程度，其为零表明二者完全吻合。卡尔曼增益矩阵 $\boldsymbol{K}_k$ 反映了对残余所取的权重，当观测噪声的协方差矩阵 $\boldsymbol{R}_k$ 变大时，$\boldsymbol{K}_k$ 减小，说明观测变量的可信程度减少，参考价值降低，所取残余修正量理应减小；反之，特别当 $\boldsymbol{R}_k = 0$，即观测变量非常精确时，可认为无任何噪声加入，这时 $\boldsymbol{K}_k = \boldsymbol{H}_k^{-1}$。另外，当协方差矩阵 $\boldsymbol{P}_k$ 变小时，表明通过状态方程预测的状态变量准确可信，这时 $\boldsymbol{K}_k$ 变小，观测残余对状态变量的修正减小。卡尔曼滤波器的更新过程如图 4.30 所示。

3. AHRS 扩展卡尔曼滤波

AHRS 扩展卡尔曼滤波以陀螺仪测量得到的角速率做预测更新，以重力加速度和磁场做

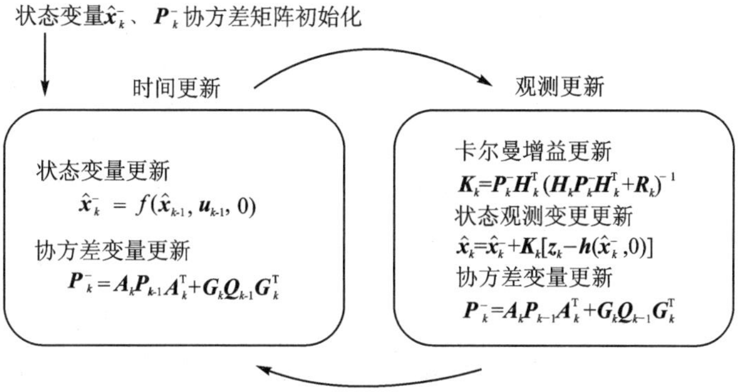

图 4.30　扩展卡尔曼滤波器的基本运行流程

观测更新，得到更高精度的姿态角信息，同时也对陀螺仪的零偏进行估计，动态地对陀螺仪校正。陀螺仪零偏漂移的特点是变化缓慢，主要与其所处的温度与温度梯度有关系，因此把陀螺仪零偏的漂移看成是一阶马尔科夫过程。

(1) AHRS 的时间更新

AHRS 的时间更新是根据机器人的姿态和陀螺仪所测得的转动角速率来预测更新状态变量和协方差的，AHRS 的状态方程可表示为

$$\boldsymbol{x}_{\text{AHRS},k} = \boldsymbol{f}(\boldsymbol{x}_{k-1}) = \boldsymbol{f}_{\text{AHRS}}(\boldsymbol{x}_{\text{AHRS},k-1}) + \boldsymbol{G}_{\text{AHRS},k}\boldsymbol{w}_{k-1} \tag{4.42}$$

具体表示形式为

$$\begin{bmatrix} \boldsymbol{q}_k \\ \boldsymbol{b}_{\omega,k} \end{bmatrix} = \begin{bmatrix} \left[\boldsymbol{I}_{4\times4} + \frac{1}{2}\boldsymbol{\Omega}(\boldsymbol{\omega}_{k-1} - \boldsymbol{b}_{\omega,k-1})\Delta t\right]\boldsymbol{q}_{k-1} \\ \boldsymbol{b}_{\omega,k-1} \end{bmatrix} + \begin{bmatrix} -\frac{1}{2}\boldsymbol{Z}(\boldsymbol{q}_{k-1})\Delta t & \boldsymbol{0}_{4\times3} \\ \boldsymbol{0}_{3\times3} & \boldsymbol{I}_{3\times3}\Delta t \end{bmatrix} \begin{bmatrix} \boldsymbol{n}_{\omega,k-1} \\ \boldsymbol{n}_{b_\omega,k-1} \end{bmatrix} \tag{4.43}$$

式(4.43)中，状态变量 $\boldsymbol{q}_k$ 为姿态四元数，$\boldsymbol{b}_{\omega,k}$ 为陀螺仪零偏，$\boldsymbol{n}_{\omega,k-1}$ 及 $\boldsymbol{n}_{b_\omega,k-1}$ 分别为陀螺仪和陀螺仪零偏的过程噪声。

状态变量的预测更新如下：

$$\boldsymbol{x}_{\text{AHRS},k}^- = \boldsymbol{f}_{\text{AHRS}}(\boldsymbol{x}_{\text{AHRS},k-1}) \tag{4.44}$$

协方差的预测更新如下：

$$\boldsymbol{P}_k^- = \boldsymbol{A}_{\text{AHRS},k}\boldsymbol{P}_{k-1}\boldsymbol{A}_{\text{AHRS},k}^{\text{T}} + \boldsymbol{G}_{\text{AHRS},k}\boldsymbol{Q}_{\text{AHRS},k-1}\boldsymbol{G}_{\text{AHRS},k}^{\text{T}} \tag{4.45}$$

式(4.45)中，$\boldsymbol{Q}_{\text{AHRS},k-1}$ 为系统输入噪声协方差；方阵 $\boldsymbol{A}_{\text{AHRS},k}$ 为状态方程对状态变量求偏导后的雅可比矩阵，即

$$\boldsymbol{A}_{\text{AHRS},k} = \frac{1}{2}\begin{bmatrix} 2 & -\omega_x\Delta t & -\omega_y\Delta t & -\omega_z\Delta t & q_1\Delta t & q_2\Delta t & q_3\Delta t \\ \omega_x\Delta t & 2 & \omega_z\Delta t & \omega_y\Delta t & -q_0\Delta t & q_3\Delta t & -q_2\Delta t \\ \omega_y\Delta t & -\omega_z\Delta t & 2 & \omega_x\Delta t & -q_3\Delta t & q_0\Delta t & q_1\Delta t \\ \omega_z\Delta t & \omega_y\Delta t & -\omega_x\Delta t & 2 & q_2\Delta t & -q_1\Delta t & -q_0\Delta t \\ 0 & 0 & 0 & 0 & 2 & 0 & 0 \\ 0 & 0 & 0 & 0 & 0 & 2 & 0 \\ 0 & 0 & 0 & 0 & 0 & 0 & 2 \end{bmatrix} \tag{4.46}$$

AHRS的噪声驱动矩阵 $\boldsymbol{G}_{\mathrm{AHRS},k}$ 为

$$\boldsymbol{G}_{\mathrm{AHRS},k}=\begin{bmatrix}-\frac{1}{2}\boldsymbol{Z}(\boldsymbol{q}_{k-1}) & \boldsymbol{0}_{4\times 3}\\ \boldsymbol{0}_{3\times 3} & \boldsymbol{I}_{3\times 3}\end{bmatrix}\Delta t \tag{4.47}$$

其中，Δt 为两次状态变量预测更新流逝的时间间隔，可见 $\boldsymbol{G}_{\mathrm{AHRS},k}$、$\boldsymbol{A}_{\mathrm{AHRS},k}$ 是时变的，不仅与此时的姿态和转速有关，而且还与时间有关。

(2) AHRS的观测更新

AHRS的观测更新是通过导航坐标系上的重力加速度和地磁场的参考矢量旋转至飞行器本体坐标系上，再与加速度和磁场强度比较，得到观测变量的残余，接着根据卡尔曼增益，观测更新状态变量和协方差的。利用重力加速度矢量可以观测俯仰角和滚转角，而地磁场矢量与铅垂线方向夹角不为零，因此可用来观测航向。AHRS的观测更新可以分成两部分：重力场观测更新、地磁场观测更新。AHRS观测校正姿态的原理是，利用重力场和地磁场的矢量方向在导航坐标系中不随时间流逝而变化的特性，将这两个矢量投影到飞行器本体坐标系中。如果AHRS测得的姿态准确，那么这两个矢量的投影与传感器测得的矢量相吻合，否则就是姿态计算有偏差需要校正。导航坐标系中的三维矢量 $\nu_n=[\nu_x,\nu_y,\nu_z]^{\mathrm{T}}$ 投影到飞行器本体坐标系中可由下式表示：

$$\boldsymbol{h}(\boldsymbol{q},\boldsymbol{\nu}_{\mathrm{n}})=\boldsymbol{C}_{\mathrm{n}}^{\mathrm{b}}\boldsymbol{\nu}_{\mathrm{n}}=\boldsymbol{C}_{\mathrm{b}}^{\mathrm{n},\mathrm{T}}\boldsymbol{\nu}_{\mathrm{n}} \tag{4.48}$$

则观测矩阵 $\boldsymbol{H}_k$ 为

$$\boldsymbol{H}_k=\left[\frac{\partial \boldsymbol{h}}{\partial \boldsymbol{q}}(\boldsymbol{q},\boldsymbol{\nu}_{\mathrm{n}})_{3\times 4},\boldsymbol{0}_{3\times 3}\right] \tag{4.49}$$

其中，

$$\frac{\partial \boldsymbol{h}}{\partial \boldsymbol{q}}(\boldsymbol{q},\boldsymbol{\nu}_{\mathrm{n}})=$$

$$2\begin{bmatrix}q_0\nu_x+q_3\nu_y-q_2\nu_z & q_1\nu_x+q_2\nu_y+q_3\nu_z & -q_2\nu_x+q_1\nu_y-q_0\nu_z & -q_3\nu_x+q_0\nu_y+q_1\nu_z\\ -q_3\nu_x+q_0\nu_y+q_1\nu_z & q_2\nu_x-q_1\nu_y+q_0\nu_z & q_1\nu_x+q_2\nu_y+q_3\nu_z & -q_0\nu_x-q_3\nu_y+q_2\nu_z\\ q_2\nu_x-q_1\nu_y+q_0\nu_z & q_3\nu_x-q_0\nu_y-q_1\nu_z & q_0\nu_x+q_3\nu_y-q_2\nu_z & q_1\nu_x+q_2\nu_y+q_3\nu_z\end{bmatrix}$$

AHRS的重力加速度和地磁场观测更新可按式(4.40)进行，两者为独立的两次运算，不同之处在于观测矩阵 $\boldsymbol{H}_k$、观测向量 $\boldsymbol{z}_k$、观测噪声协方差 $\boldsymbol{R}_k$ 不相同。设重力加速度在导航坐标系中的固定参考矢量为 $\boldsymbol{\nu}_{\mathrm{ref},g}=[0,0,g]^{\mathrm{T}}$，当AHRS水平放置指向北方时磁场传感器测得的地磁场矢量为磁场的参考矢量 $\boldsymbol{\nu}_{\mathrm{ref,mag}}=[\boldsymbol{\nu}_{\mathrm{n,mag}},\boldsymbol{\nu}_{\mathrm{e,mag}},\boldsymbol{\nu}_{\mathrm{d,mag}}]^{\mathrm{T}}$，那么当重力加速度观测更新时 $\boldsymbol{H}_k=\frac{\partial \boldsymbol{h}}{\partial \boldsymbol{x}}(\hat{\boldsymbol{x}}_{k-1},\boldsymbol{\nu}_{\mathrm{ref},g})$，观测向量 $\boldsymbol{z}_k=\mathrm{acc}$；当磁场观测更新时 $\boldsymbol{H}_k=\frac{\partial \boldsymbol{h}}{\partial \boldsymbol{x}}(\hat{\boldsymbol{x}}_{k-1},\boldsymbol{\nu}_{\mathrm{ref,mag}})$，观测向量 $\boldsymbol{z}_k=\mathrm{mag}$。其中，acc为加速度传感器测得的加速度矢量，mag为磁场传感器测得的地磁场矢量。另外，加速度观测更新和地磁场观测更新时的协方差矩阵 $\boldsymbol{R}_k$ 是不一样的。

AHRS算法程序流程：首先初始化传感器，包括初始化传感器的量程、采样速率等，然后初始化卡尔曼滤波器的状态变量和协方差，接着进入主循环；主循环的第一步将采集陀螺仪的数据，更新预测卡尔曼滤波器的状态变量和协方差，然后观测更新的过程，此过程将采集加速度传感器和磁强计的数据，若它们之间任何一个有数据更新，则分别进行观测更新，最后返回主循环的第一步，继续卡尔曼滤波循环。

4.5.2　GPS/INS 组合导航

组合导航技术结合 GPS、惯性测量元件(三轴加速度计、三轴陀螺仪)、三轴磁强计和气压高度计各自的优缺点,使用电子信号处理领域的多种技术,融合多种传感器的测量值,获得飞行器较为准确的 15 个状态量的测量值。对于惯性测量元件的测量容易发散的特点,可以通过 GPS 来抑制:GPS 可以获得三维位置也可以获得三维速度,惯性测量元件可以获得三维加速度,通过对加速度积分也可以获得速度。在利用三轴磁强计获得航向的基础上,分别采用 GPS 和惯性测量单元获得的两种速度的观测就可以融合起来了,通过 GPS 的测量值来发现并抑制惯性测量元件测量值的发散。惯性测量元件测量值的发散被抑制之后,就可以更准确地测量三维角度和三维加速度了。因此,GPS 和惯性测量元件在这些情况中互相取长补短。除此之外,气压高度计和 GPS 互相结合提高了高度测量的精度,地磁指南针、GPS 和惯性测量元件互相结合提高了航向测量的精度,它们都是利用了相同的融合、“互补”的思想。

多旋翼无人机 GPS/INS 组合导航方案如图 4.31 所示。

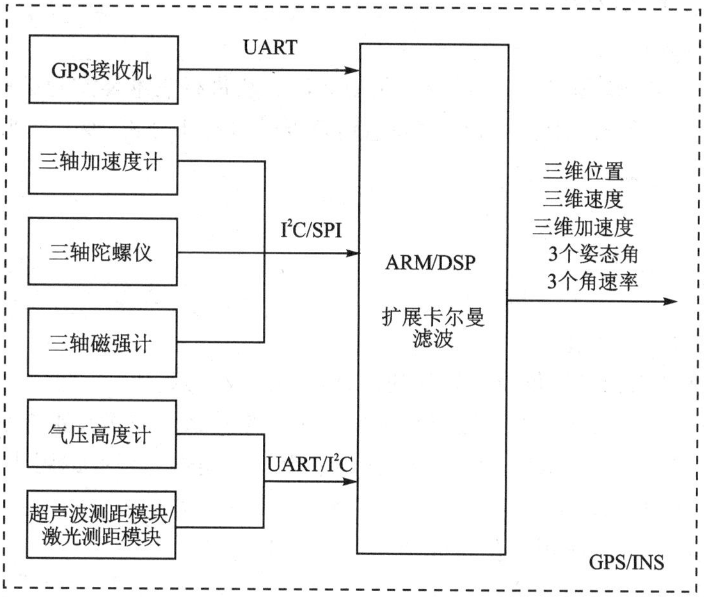

图 4.31　多旋翼无人机 GPS/INS 组合导航方案

GPS/INS 组合导航的卡尔曼滤波算法与 AHRS 的相似,也是由预测更新和观测更新两步组成,不同的是状态变量增加了三维位置、三维速度和三维加速度计零偏,观测更新为 GPS 的位置速度观测更新和磁强计更新。

4.5.3　实训十一:AHRS 算法实践实验

实训题目:

AHRS 算法实践实验。

实训目的:

理解 AHRS 姿态解算的方法,理解卡尔曼滤波的流程。

实训素材：

标准测试转台一套；AHRS航姿测量模块一套；含预装上位机数据采集软件的计算机一台；数据线一条；电源一套。

实训原理：

参见4.5.1小节中AHRS的原理介绍。

实训步骤：

① 将AHRS装在标准测试转台上；

② 将AHRS及标准测试转台的数据线与计算机连接；

③ 在计算机上打开上位机数据采集软件，设定数据采样频率为200 Hz；

④ 选择数据保存项：三轴陀螺仪、三轴加速度计及三轴磁强计裸数据、AHRS三个姿态角及系统时间；

⑤ 在三维空间缓慢旋转标准测试转台并记录裸数据，时长5 min，记录文件命名为“AHRS. xls”；

⑥ 停止测试AHRS裸数据。

实训报告及要求：

① 根据文件“AHRS. xls”，基于扩展卡尔曼滤波方法进行三维姿态角的解算；

② 将解算的姿态角与ARHS提供的姿态角角度进行对比分析（要有图形）；

③ 按规范布局实训报告。

思维训练

1. 简述欧拉角的旋转过程。
2. 简述MEMS三轴陀螺仪及三轴加速度计的用途及特点。
3. 磁强计是怎么测航向的？硬磁干扰和软磁干扰是什么？磁场校正方法有哪些？
4. GPS的原理是什么？NEMA－0183协议有哪几种类型？一般选用哪种类型？
5. 气压高度计的原理是什么？
6. 超声波测距与激光测距有什么区别？
7. 光流测速的基本仿生学依据是什么？
8. 简述AHRS的卡尔曼滤波流程？

第5章 多旋翼无人机飞行控制系统

引言：人类的行为举止是受大脑控制的。比如，徒步旅游时，大脑首先会规划从当前位置到目的地的基本路线，而且会有大致的行走速度等规划信息，并且会在设计中途碰到突发事件的预案等。在行走过程中，大脑又会根据旅游者当前的状态，比如心情、手脚疲惫程度、当前位置、行走速度等适时调整前进方案，控制前进的脚步。那么，多旋翼无人机作为一种空中机器人，它在外出时，也需要有这样一个“大脑”，该“大脑”的一个基本功能就是要能够控制飞行器稳稳当当地完成一个飞行任务。比如从起飞点按照一定的路径飞到目的地，中间碰到外界干扰时（如一阵风吹过来，或前方有障碍物等），飞行器依旧能够稳定地前飞。我们把多旋翼无人机的“大脑”称为飞行控制系统。本章将介绍多旋翼无人机最基本的控制系统及其要点。

5.1 概 述

多旋翼无人机的飞行控制主要是稳定和控制飞行器的角运动（偏航、俯仰与滚转）以及飞行器的重心运动（前进、升降与左右）。多旋翼无人机的飞行控制采取的是反馈控制原理。飞行器是被控制对象，自动控制系统是控制器。飞行器和自动控制系统按负反馈的原则组成闭环回路（飞行控制回路），实现对无人机的稳定与控制。在这个闭环回路中被控制量主要有无人机的姿态角、飞行位置（速度）等，控制量是多旋翼无人机各个电机的转速控制。运用经典控制理论或现代控制理论可以分析和综合飞行控制回路（见控制理论），从而设计出无人机飞行控制系统。为了确切地描述无人机的运动状态，需要选定适当的坐标系，常用的坐标系是飞行器本体坐标系、速度坐标系和地球坐标系。

广义上说，无人机的飞行控制系统一般由测量飞行器姿态及其他飞行参数用的传感元件、形成控制信号或指令的计算机、变换和放大信号的电子线路以及驱动飞行器执行机构等组成。此外，还有程序控制信号给定器、监控器和显示装置等部件。由传感元件、变换放大元件和执行机构组成的自动驾驶仪主要用来保证无人机姿态的稳定，是实现飞行控制的基础。所有控制指令都是通过自动驾驶仪来执行的。

广义上的飞行控制系统的功用包括：

① 保持姿态和航向；

② 增稳或控制增稳；

③ 控制飞行速度；

④ 控制航迹；

⑤ 自动导航；

⑥ 自动着陆；

⑦ 地形跟随、地形回避；

⑧ 自动瞄准；

⑨ 编队飞行;

⑩ 配合自动空中交通管制等。

广义上的多旋翼无人机飞行控制系统包括两大部分(见图 5.1):一是硬件分系统,主要是用于外界信号的感知(这里主要是各种传感器及其信号处理计算机或是芯片)、各种信号的传递(通信接口)、控制信号的执行(如电子调速器、无刷电机);二是软件分系统,主要是对外界感知信号进行处理(信号处理方法),并基于现代控制理论实现控制信号的产生(飞行控制方法),还包括中间的数据处理机制(如何实现任务规划)等。鉴于本书的结构体系,本章所述的飞行控制系统是狭义上的飞行控制系统(图 5.1 中的自动飞行控制),主要是描述基本的飞行控制方法——如何利用第 4 章得到的飞行器状态信息实现飞行器的姿态稳定控制及制导控制。

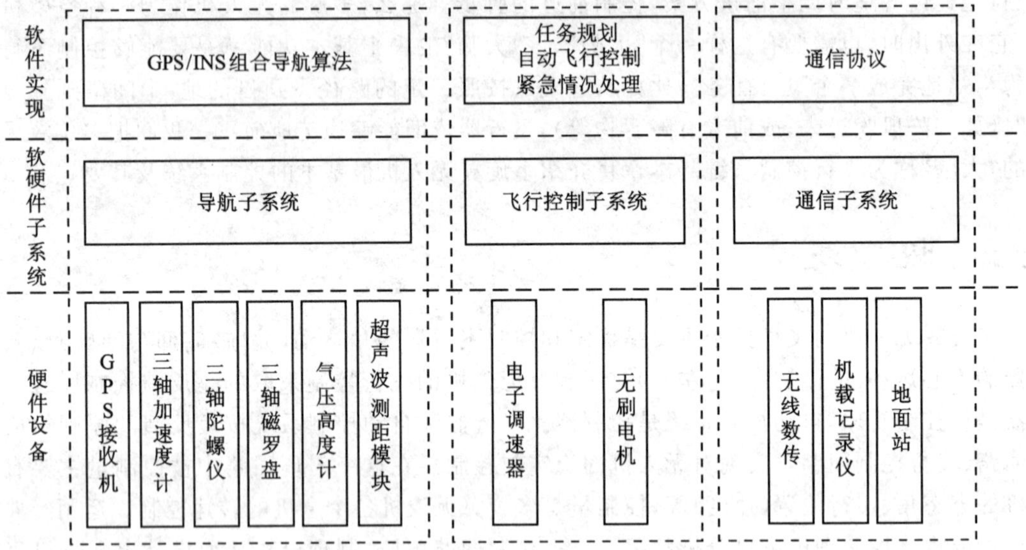

图 5.1 广义上的多旋翼无人机飞行控制系统结构图

5.2 多旋翼无人机的控制原理

第 1 章列举的多旋翼无人机的典型动力布局决定了飞行器的动力分配及控制模式。假设多旋翼无人机的动力个数(记为 n_r)为不小于 4 的偶数且动力系统对称分布,而且相邻电机的转动方向相反(一个顺时针旋转、另一个逆时针旋转),多旋翼无人机就是由安装在刚性结构上的 n_r 个电机来驱动飞行器的。多旋翼无人机的飞行控制系统就是通过调节这 n_r 个电机的转速来使旋翼间出现特定的转速差从而实现飞行器的各种动作的。

由于多旋翼无人机通过增大或减小旋翼的转速达到升力的变化进而控制飞行器的飞行姿态和位置的稳定,相对于传统的直升机少去了舵机调节平衡、控制方向,并且不用改变螺旋桨的桨距角,使得多旋翼无人机更容易控制。但是,多旋翼无人机有 6 个状态输出,即是一种六自由度的飞行器,而它却只有 4 个输入(总距油门、滚转、俯仰及偏航 4 个控制量按照一定的方式分配给各个电机),是一个欠驱动系统。鉴于此,多旋翼无人机非常适合在静态及准静态的条件下飞行。

为了阐述方便,以下以四旋翼无人机的十字形(QUAD +)布局进行多旋翼无人机控制原理的详细说明，而后简单介绍四旋翼 X 形(QUAD X)、六旋翼(HEXA ＋、HEXA X)、八旋翼(OCTO ＋、OCTOX)等多旋翼无人机的控制机理。

四旋翼无人机的 QUAD＋布局俯视示意图如图 5.2 所示，在旋翼 1 和旋翼 3 顺时针旋转的同时，旋翼 2 和旋翼 4 逆时针旋转，当飞行器平衡飞行时(各个电机的转速相同)，4 个电机产生的反扭力矩大小相等、方向两两相反，进而两两相互抵消，相对于经典的传统直升机不需要专门的舵机来抵消反扭力矩(定义 1 号、3 号为一对电机，2 号、4 号为另一对电机)。四旋翼无人机有 6 个自由度(前向、侧向、垂向、俯仰、滚转、偏航)，这 6 个自由度中的任意一个自由度的控制和调节都可以通过联合调节 4 个电机的转速进而改变 4 个螺旋桨的转速来实现。

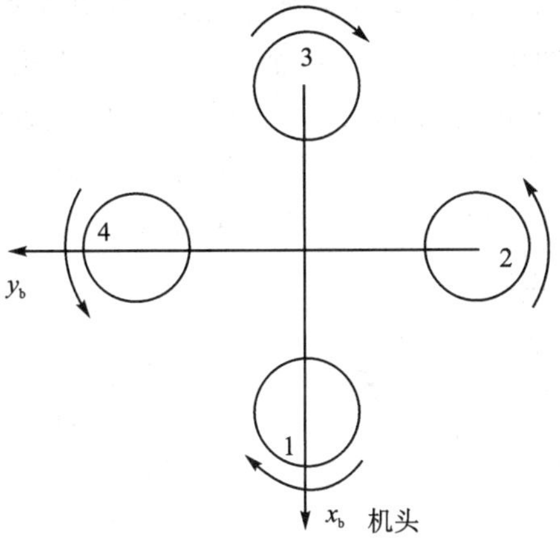

图 5.2　四旋翼无人机的 QUAD＋布局俯视示意图

多旋翼无人机的基本运动分别是：

① 垂直运动；

② 前后运动；

③ 侧向运动

④ 俯仰运动；

⑤ 滚转运动；

⑥ 偏航运动。

在图 5.3 中，电机 1 和电机 3 做顺时针旋转，电机 2 和电机 4 做逆时针旋转，设飞行器沿 x 轴正方向运动为向前运动。其中，图 5.3 中的"＋"号表示对应电机的转速增大，相应旋翼的升力增大；"－"号表示对应电机的转速减小，相应旋翼的升力变小。

图 5.3(a)所示为垂直运动：在图中两对电机转动方向相反，可以相互抵消旋转产生的反扭矩，当同时增加 4 个电机的转速使旋翼的升力同时增大，升力足以克服整机的重力时，四旋翼无人机便会离开地面垂直上升；反之，当同时减小 4 个电机的转速使旋翼的升力减小时，四旋翼无人机就会垂直下降，直到降落到地面上，从而实现沿 z_b 轴进行上下飞行的垂直运动。而当外界扰动很小或为零，四旋翼无人机的 4 只旋翼产生的升力等于其自身重力时，飞行器便会保持一定的高度不变，实现悬停。

图 5.3 (b)所示为前后/俯仰运动：欲使四旋翼无人机能够在水平面上前后、左右运动，就必须对飞行器施加一个水平的力。在图 5.3(b)中电机 3 的转速增大，电机 1 的转速减小，电机 2、4 的转速保持不变。为了使四旋翼无人机不因旋翼转速的改变而使飞行器受力不均导致

不平衡，要求电机1和电机3的转速改变量大小相等，只有这样才能使旋翼1和旋翼3产生的反扭力矩抵消，这样四旋翼无人机的 x_b 轴稍微倾斜（旋翼1的高度稍微低于旋翼3的高度），旋翼1、3产生的升力便会产生一个指向 x_b 轴正方向的分力，使飞行器向 x_b 轴正方向运动从而实现前进。同时产生的飞行器上下不平衡的分力使飞行器绕 y_b 轴旋转，实现低头前飞，向后（抬头）飞行与向前飞行正好相反。这就是四旋翼无人机前后飞（俯仰运动）的原理。

图5.3（c）所示为侧向/滚转运动：与俯仰运动的原理相同，在图中相应改变电机2、4的转速而保持电机1、3的转速不变则可使飞行器绕 x_b 轴旋转，从而实现四旋翼无人机的滚转运动。

图5.3（d）所示为偏航运动：四旋翼无人机的偏航运动可以通过4个旋翼之间产生的反扭力矩来实现。一般情况下，四旋翼无人机为抵消产生的反扭力矩而使两对转向相反的电机的转速相同，为了利用反扭力矩，使电机1、3的转速增大，电机2、4的转速减小，此时旋翼1、3对飞行器产生的反扭力矩大于旋翼2、4对飞行器产生的反扭力矩，于是飞行器便在大的反扭力矩的作用下绕 z_b 轴转动，其转向与电机1、3的转向相反。

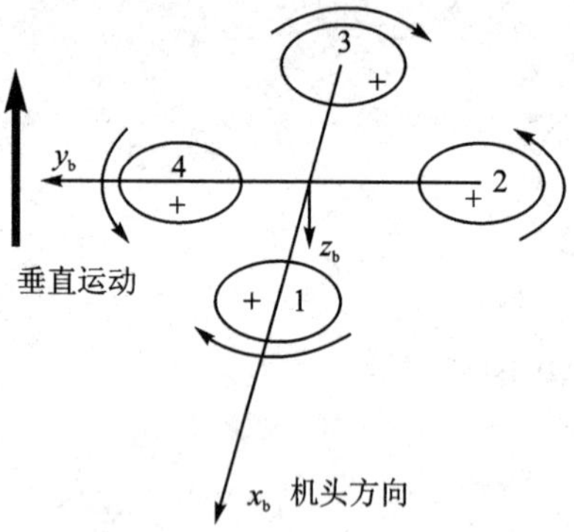

(a) 垂直运动

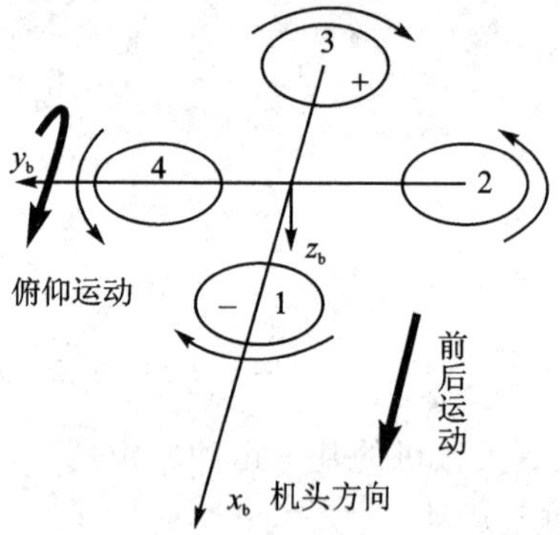

(b) 前后运动/俯仰运动

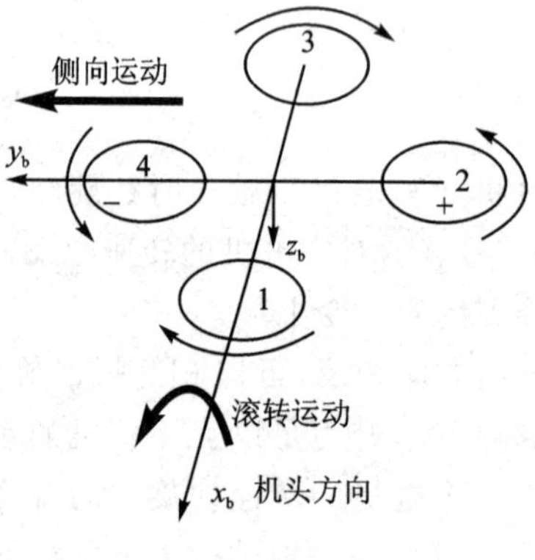

(c) 侧向/滚转运动

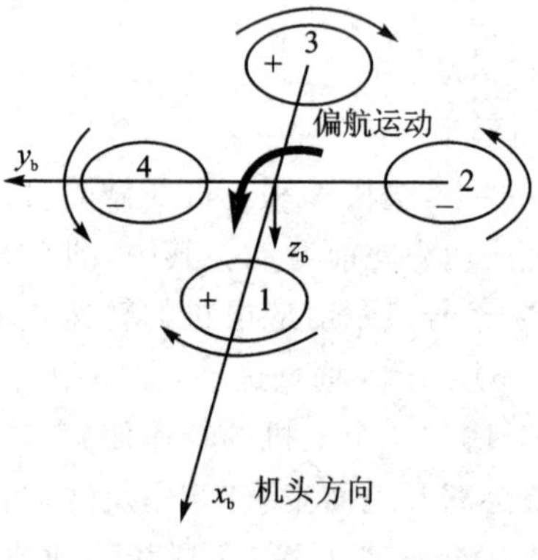

(d) 偏航运动

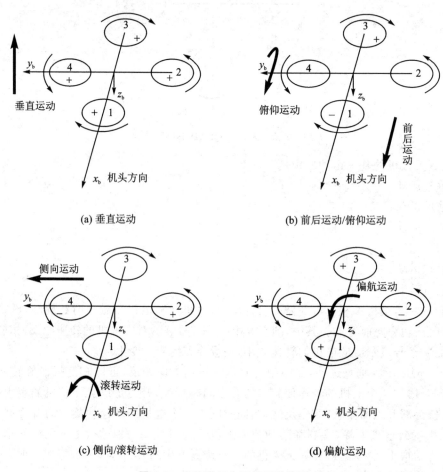

图5.3　四旋翼无人机的运动原理

表5.1所列为四旋翼无人机为QUAD＋形布局时的动力控制配置原理，其中，“0”表示电机的转速没有变化，“＋”及“－”的含义同前所述。

表 5.1　四旋翼无人机的 QUAD＋布局运动控制原理表

运动形式	电机 1	电机 2	电机 3	电机 4
垂直运动	＋	＋	＋	＋
俯仰/前后运动	－	0	＋	0
滚转/侧向运动	0	＋	0	－
偏航运动	＋	－	＋	－

图 5.4 所示为四旋翼无人机的 QUAD X 布局俯视示意图，表 5.2 所列为其对应的运动控制原理。

表 5.2　四旋翼无人机的 QUAD X 布局运动控制原理表

运动形式	电机 1	电机 2	电机 3	电机 4
垂直运动	＋	＋	＋	＋
俯仰/前后运动	－	－	＋	＋
滚转/侧向运动	－	＋	＋	－
偏航运动	＋	－	＋	－

图 5.5 所示为六旋翼无人机的 HEXA＋布局俯视示意图，表 5.3 所列为其对应的运动控制原理。

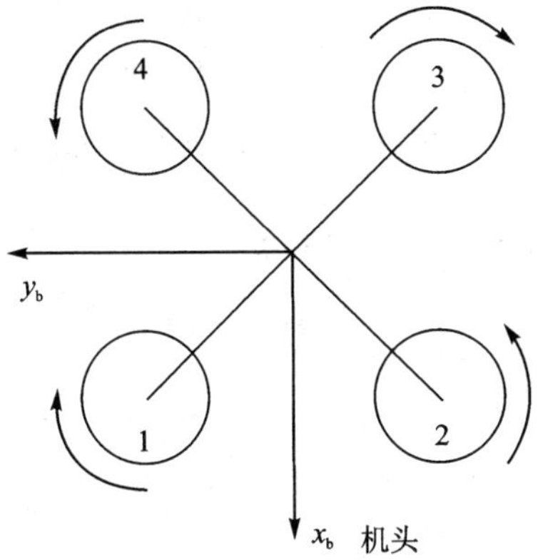

图 5.4　四旋翼无人机的 QUAD X 布局俯视示意图

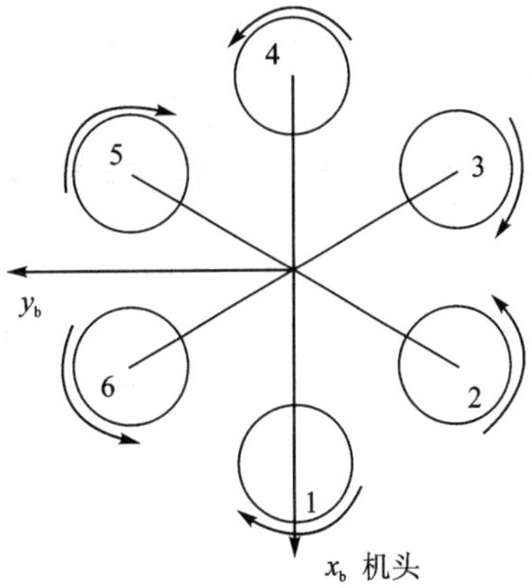

图 5.5　六旋翼无人机的 HEXA＋布局俯视示意图

表 5.3　六旋翼无人机的 HEXA＋布局运动控制原理表

运动形式	电机 1	电机 2	电机 3	电机 4	电机 5	电机 6
垂直运动	＋	＋	＋	＋	＋	＋
俯仰/前后运动	－	－	＋	＋	＋	－
滚转/侧向运动	0	＋	＋	0	－	－
偏航运动	＋	－	＋	－	＋	－

图 5.6 所示为六旋翼无人机的 HEXA X 布局俯视示意图，表 5.4 所列为其对应的运动控制原理。

表 5.4　六旋翼无人机的 HEXA X 布局运动控制原理表

运动形式	电机 1	电机 2	电机 3	电机 4	电机 5	电机 6
垂直运动	+	+	+	+	+	+
俯仰/前后运动	−	−	0	+	+	0
滚转/侧向运动	−	+	+	+	−	−
偏航运动	+	−	+	−	+	−

图 5.7 所示为八旋翼无人机的 OCTO＋布局俯视示意图，表 5.5 所列为其对应的运动控制原理。

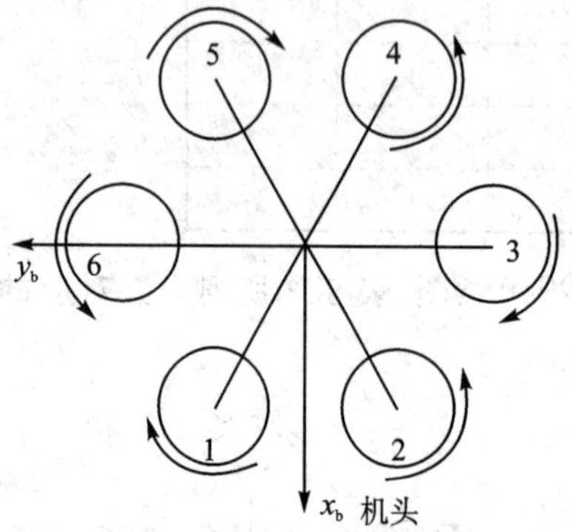

图 5.6　六旋翼无人机的 HEXA X 布局俯视示意图

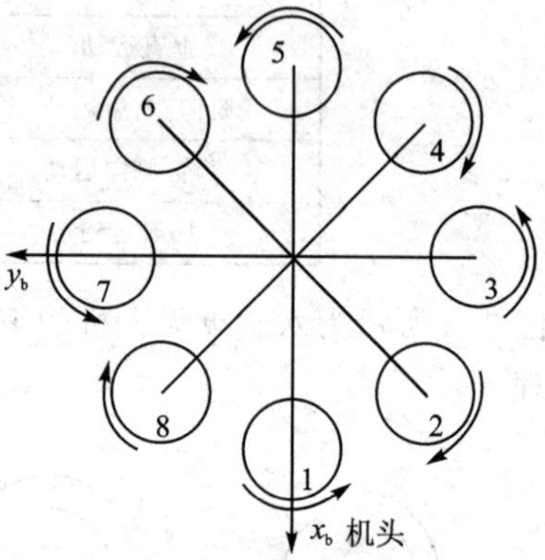

图 5.7　八旋翼无人机的 OCTO＋布局俯视示意图

表 5.5　八旋翼无人机的 OCTO＋布局运动控制原理表

运动形式	电机 1	电机 2	电机 3	电机 4	电机 5	电机 6	电机 7	电机 8
垂直运动	+	+	+	+	+	+	+	+
俯仰/前后运动	−	−	0	+	+	+	0	−
滚转/侧向运动	0	+	+	+	0	−	−	−
偏航运动	+	−	+	−	+	−	+	−

图 5.8 所示为八旋翼无人机的 OCTO X 布局俯视示意图，表 5.6 所列为其对应的运动控制原理。

表 5.6　八旋翼无人机的 OCTO X 布局运动控制原理表

运动形式	电机 1	电机 2	电机 3	电机 4	电机 5	电机 6	电机 7	电机 8
垂直运动	+	+	+	+	+	+	+	+
俯仰/前后运动	−	−	−	+	+	+	+	−
滚转/侧向运动	−	+	+	+	+	−	−	−
偏航运动	+	−	+	−	+	−	+	−

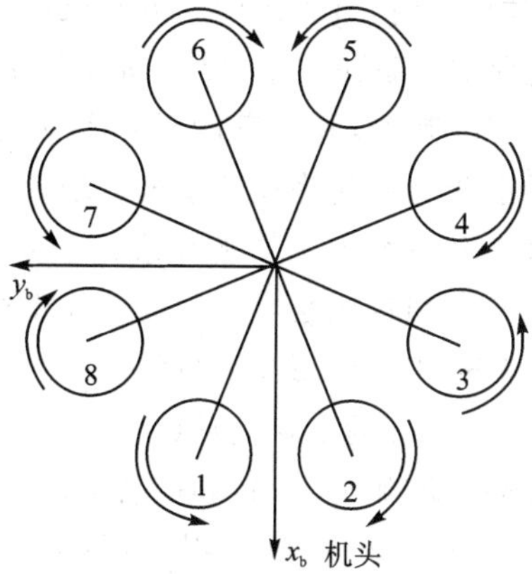

图 5.8　八旋翼无人机的 OCTO X 布局俯视示意图

以上为六旋翼无人机和八旋翼无人机的动力布局对应的通过电机控制飞行器飞行的一种选择。实际上，六旋翼、八旋翼等更多旋翼的无人机的电机分配控制有多种选择，本书仅给出一种，读者可以自行思考其他形式的电机分配控制，并分析不同分配控制的特点。

5.3　多旋翼无人机的动力学建模

图 5.9 所示为多旋翼无人机的控制系统框图，该框图主要包括 3 个部分：一是飞行器模型，主要包括两个子单元——驱动电机及多旋翼无人机，该部分主要用于描述飞行器接收到的电机控制信号与飞行器状态（位置、速度、加速度、姿态角及其角速率）之间的关系；二是基于 GPS/INS 或 AHRS 的传感器检测部分，主要用于飞行器状态的测量；三是控制部分，包括路径规划器、位置速度控制及姿态控制 3 个子单元，分别对应于高层控制、中间层控制及底层控制，从现代控制理论出发，位置速度控制及姿态控制（特别是姿态控制）是需要根据飞行器的动力学特性（也称为动力学数学模型）进行控制律设计的。因此，本节将较为详细地描述飞行器模型，阐述 4 个输入控制量（俯仰、偏航、滚转及垂向）与飞行器飞行状态之间的关系。

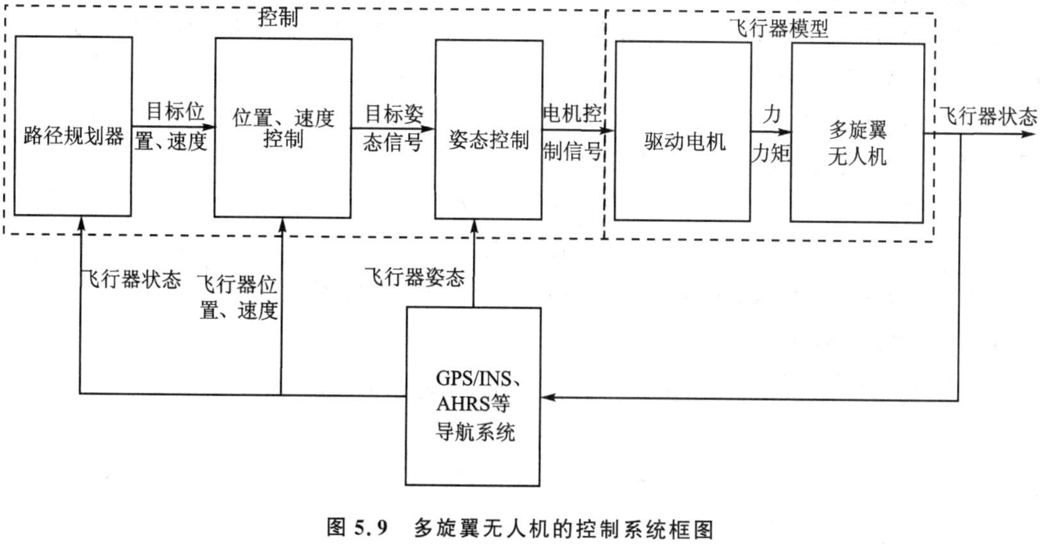

图 5.9　多旋翼无人机的控制系统框图

在建立多旋翼无人机动力学模型时，首先采用如下假设：

① 多旋翼无人机在飞行过程中忽略弹性振动及变形，认为其为刚体，且质量为常数；

② 由于多旋翼无人机飞行范围有限，故忽略地面曲率及重力加速度变化的影响，同时如前述坐标系选择一样，以当地导航坐标系作为惯性系来处理；

③ 假设多旋翼无人机相对于其飞行器本体坐标系 $x_b-O_b-z_b$、$y_b-O_b-z_b$ 平面对称，并认为其内部质量亦对称分布，且其惯性张量在飞行器本体坐标系下是常数。

在满足上述 3 个假设的前提下，视多旋翼无人机的运动为六自由度刚体运动，即包括飞行器重心沿飞行器本体坐标系 3 个坐标轴的平移运动（前后、左右和升降运动）与飞行器绕飞行器本体坐标系 3 个坐标轴的旋转运动（俯仰、滚转和偏航运动）。

在飞行器本体坐标系下，根据牛顿-欧拉方程可以得到刚体六自由度运动学方程，如下式所示。

$$\left.\begin{aligned} m(\dot{u}-rv+qw)=F_x^{\rm b} \\ m(\dot{v}-pw+ru)=F_y^{\rm b} \\ m(\dot{w}-qu+pv)=F_z^{\rm b} \end{aligned}\right\} \tag{5.1}$$

$$\left.\begin{aligned} I_{xx}\dot{p}-(I_{yy}-I_{zz})qr=M_x^{\rm b} \\ I_{yy}\dot{q}-(I_{zz}-I_{xx})rp=M_y^{\rm b} \\ I_{zz}\dot{r}-(I_{xx}-I_{yy})pq=M_z^{\rm b} \end{aligned}\right\} \tag{5.2}$$

其中，式(5.1)描述的是飞行器的平动运动方程，包括前后、左右、上下 3 个方向；式(5.2)描述的是飞行器的滚动、俯仰及偏航 3 个转动运动方程。

式(5.1)及式(5.2)中，m 为多旋翼无人机的质量，设为常值；u、v、w 分别为无人机速度沿 x_b、y_b 及 z_b 轴上的分量；p、q、r 分别为绕 x_b、y_b 及 z_b 轴的 3 个角速度（分别为滚转角速度、俯仰角速度及偏航角速度）；$F_x^{\rm b}$、$F_y^{\rm b}$ 及 $F_z^{\rm b}$ 分别为飞行器所受合外力沿 x_b、y_b 及 z_b 轴上的分量；$M_x^{\rm b}$、$M_y^{\rm b}$ 及 $M_z^{\rm b}$ 分别为飞行器所受合外力矩沿 x_b、y_b 及 z_b 轴的分量；I_{xx}、I_{yy} 及 I_{zz} 分别为无人机绕 x_b、y_b 及 z_b 轴的惯性矩。

多旋翼无人机所受的外力和外力矩主要包含自身重力、启动阻力和阻力矩以及各个翼产生的合力和合力矩。为分析方便，忽略启动阻力及阻力矩，则多旋翼无人机所受的外力和外力矩主要是由旋翼产生的合力及合力矩。

令飞行器所受合外力及力矩分别为 $\boldsymbol{F}^{\rm b}=(F_x^{\rm b},F_y^{\rm b},F_z^{\rm b})^{\rm T}$ 及 $\boldsymbol{M}^{\rm b}=(M_x^{\rm b},M_y^{\rm b},M_z^{\rm b})^{\rm T}$，由于飞行器本体坐标系原点选择在飞行器中心位置，则有

$$\boldsymbol{F}^{\rm b}=\boldsymbol{F}_{\rm G}^{\rm b}+\boldsymbol{F}_{\rm r}^{\rm b} \tag{5.3}$$

$$\boldsymbol{M}^{\rm b}=\boldsymbol{M}_{\rm r}^{\rm b} \tag{5.4}$$

式(5.2)及式(5.3)中，下标 G 及 r 分别代表重力及旋翼所产生的作用量。

1. 飞行器自身重力

飞行器自身重力在飞行器本体坐标系 3 个轴上的投影可表示为

$$\boldsymbol{F}_{\rm G}^{\rm b}=\begin{bmatrix} -\sin\theta \\ \sin\phi\cos\theta \\ \cos\phi\cos\theta \end{bmatrix} mg \tag{5.5}$$

2. 多旋翼无人机旋翼产生的力与力矩

多旋翼无人机在飞行时所需的动力主要由各个旋翼产生，同时各旋翼还提供飞行器升降、俯仰、滚转及偏航的操作力与力矩。

假设多旋翼无人机的每个旋翼距离飞行器中心轴线的距离为 l_{r}，根据第 3 章中有关螺旋桨旋转时产生的力及力矩的知识，给螺旋桨编号为 $1,2,\cdots,n_{\mathrm{r}}$，每个螺旋桨对应的转速为 $\omega_1,\omega_2,\cdots,\omega_{n_{\mathrm{r}}}$。对于选定的螺旋桨，设螺旋桨产生的力及力矩常数分别为 C_T 和 C_M，于是每个螺旋桨产生的拉力大小为 $F_{\mathrm{r}i}=C_T\omega_i^2$，反扭矩 $M_{\mathrm{r}i}=C_M\omega_i^2$，则多旋翼无人机旋翼产生的力在飞行器本体坐标系上的表示为

$$\boldsymbol{F}_{\mathrm{r}}^{\mathrm{b}}=\begin{bmatrix}0\\0\\-\sum_{i=1}^{n_{\mathrm{r}}}C_T\omega_i^2\end{bmatrix} \tag{5.6}$$

另外，由于多旋翼无人机相邻电机的转动方向相反（一个顺时针旋转，另一个逆时针旋转），因此多旋翼无人机通过改变旋翼转速时产生的偏航力矩可表示为

$$M_z^{\mathrm{b}}=C_M\sum_{i=1}^{n_{\mathrm{r}}/2}(\omega_{2i-1}^2-\omega_{2i}^2) \tag{5.7}$$

旋翼转速变化产生的控制多旋翼无人机俯仰及滚转的力矩大小取决于飞行器的动力布局。以下分别以四旋翼无人机（QUAD＋、QUAD X）、六旋翼无人机（HEXA＋、HEXA X）、八旋翼无人机（OCTO＋、OCTOX）的布局进行俯仰及滚转力矩的求解。

① 四旋翼无人机 QUAD＋布局（见图 5.2）下的飞行器本体坐标系中的俯仰及滚转力矩：

$$\begin{aligned}M_x^{\mathrm{b}}&=l_{\mathrm{r}}(F_{2\mathrm{r}}-F_{4\mathrm{r}})=l_{\mathrm{r}}C_T(\omega_2^2-\omega_4^2)\\M_y^{\mathrm{b}}&=l_{\mathrm{r}}(F_{1\mathrm{r}}-F_{3\mathrm{r}})=l_{\mathrm{r}}C_T(\omega_1^2-\omega_3^2)\end{aligned} \tag{5.8}$$

② 四旋翼无人机 QUAD X 布局下的飞行器本体坐标系中的俯仰及滚转力矩：

$$\left.\begin{aligned}M_x^{\mathrm{b}}&=\frac{\sqrt{2}}{2}l_{\mathrm{r}}(-F_{1\mathrm{r}}+F_{2\mathrm{r}}+F_{3\mathrm{r}}-F_{4\mathrm{r}})=\frac{\sqrt{2}}{2}l_{\mathrm{r}}C_T(-\omega_1^2+\omega_2^2+\omega_3^2-\omega_4^2)\\M_y^{\mathrm{b}}&=\frac{\sqrt{2}}{2}l_{\mathrm{r}}(F_{1\mathrm{r}}+F_{2\mathrm{r}}-F_{3\mathrm{r}}-F_{4\mathrm{r}})=\frac{\sqrt{2}}{2}l_{\mathrm{r}}C_T(\omega_1^2+\omega_2^2-\omega_3^2-\omega_4^2)\end{aligned}\right\} \tag{5.9}$$

③ 六旋翼无人机 HEXA＋布局下的飞行器本体坐标系中的俯仰及滚转力矩：

$$\left.\begin{aligned}M_x^{\mathrm{b}}&=\frac{\sqrt{3}}{2}F_{2\mathrm{r}}l_{\mathrm{r}}+\frac{\sqrt{3}}{2}F_{3\mathrm{r}}l_{\mathrm{r}}-\frac{\sqrt{3}}{2}F_{5\mathrm{r}}l_{\mathrm{r}}-\frac{\sqrt{3}}{2}F_{6\mathrm{r}}l_{\mathrm{r}}\\&=\frac{\sqrt{3}}{2}l_{\mathrm{r}}C_T(\omega_2^2+\omega_3^2-\omega_5^2-\omega_6^2)\\M_y^{\mathrm{b}}&=F_{1\mathrm{r}}l_{\mathrm{r}}+\frac{1}{2}F_{2\mathrm{r}}l_{\mathrm{r}}-\frac{1}{2}F_{3\mathrm{r}}l_{\mathrm{r}}-F_{4\mathrm{r}}l_{\mathrm{r}}-\frac{1}{2}F_{5\mathrm{r}}l_{\mathrm{r}}+\frac{1}{2}F_{6\mathrm{r}}l_{\mathrm{r}}\\&=l_{\mathrm{r}}C_T\left(\omega_1^2+\frac{1}{2}\omega_2^2-\frac{1}{2}\omega_3^2-\omega_4^2-\frac{1}{2}\omega_5^2+\frac{1}{2}\omega_6^2\right)\end{aligned}\right\} \tag{5.10}$$

④ 六旋翼无人机 HEXA X 布局下的飞行器本体坐标系中的俯仰及滚转力矩：

$$\left.\begin{aligned}M_x^{\mathrm{b}}&=-\frac{1}{2}F_{1\mathrm{r}}l_{\mathrm{r}}+\frac{1}{2}F_{2\mathrm{r}}l_{\mathrm{r}}+F_{3\mathrm{r}}l_{\mathrm{r}}+\frac{1}{2}F_{4\mathrm{r}}l_{\mathrm{r}}-\frac{1}{2}F_{5\mathrm{r}}l_{\mathrm{r}}-F_{6\mathrm{r}}l_{\mathrm{r}}\\&=\frac{1}{2}l_{\mathrm{r}}C_T(-\omega_1^2+\omega_2^2+2\omega_3^2+\omega_4^2-\omega_5^2-2\omega_6^2)\\M_y^{\mathrm{b}}&=\frac{\sqrt{3}}{2}F_{1\mathrm{r}}l_{\mathrm{r}}+\frac{\sqrt{3}}{2}F_{2\mathrm{r}}l_{\mathrm{r}}-\frac{\sqrt{3}}{2}F_{4\mathrm{r}}l_{\mathrm{r}}-\frac{\sqrt{3}}{2}F_{5\mathrm{r}}l_{\mathrm{r}}\\&=\frac{\sqrt{3}}{2}l_{\mathrm{r}}C_T(\omega_1^2+\omega_2^2-\omega_4^2-\omega_5^2)\end{aligned}\right\}\tag{5.11}$$

⑤ 八旋翼无人机 OCTO＋布局下的飞行器本体坐标系中的俯仰及滚转力矩：

$$\left.\begin{aligned}M_x^{\mathrm{b}}&=\frac{\sqrt{2}}{2}F_{2\mathrm{r}}l_{\mathrm{r}}+F_{3\mathrm{r}}l_{\mathrm{r}}+\frac{\sqrt{2}}{2}F_{4\mathrm{r}}l_{\mathrm{r}}-\frac{\sqrt{2}}{2}F_{6\mathrm{r}}l_{\mathrm{r}}-F_{7\mathrm{r}}l_{\mathrm{r}}-\frac{\sqrt{2}}{2}F_{8\mathrm{r}}l_{\mathrm{r}}\\&=l_{\mathrm{r}}C_T\left(\frac{\sqrt{2}}{2}\omega_2^2+\omega_3^2+\frac{\sqrt{2}}{2}\omega_4^2-\frac{\sqrt{2}}{2}\omega_6^2-\omega_7^2-\frac{\sqrt{2}}{2}\omega_8^2\right)\\M_y^{\mathrm{b}}&=F_{1\mathrm{r}}l_{\mathrm{r}}+\frac{\sqrt{2}}{2}F_{2\mathrm{r}}l_{\mathrm{r}}-\frac{\sqrt{2}}{2}F_{4\mathrm{r}}l_{\mathrm{r}}-F_{5\mathrm{r}}l_{\mathrm{r}}-\frac{\sqrt{2}}{2}F_{6\mathrm{r}}l_{\mathrm{r}}+\frac{\sqrt{2}}{2}F_{8\mathrm{r}}l_{\mathrm{r}}\\&=l_{\mathrm{r}}C_T\left(\omega_1^2+\frac{\sqrt{2}}{2}\omega_2^2-\frac{\sqrt{2}}{2}\omega_4^2-\omega_5^2-\frac{\sqrt{2}}{2}\omega_6^2+\frac{\sqrt{2}}{2}\omega_8^2\right)\end{aligned}\right\}\tag{5.12}$$

⑥ 八旋翼无人机 OCTO X 布局下的飞行器本体坐标系中的俯仰及滚转力矩：

$$\left.\begin{aligned}M_x^{\mathrm{b}}&=\frac{\sqrt{2+\sqrt{2}}}{2}l_{\mathrm{r}}(F_{3\mathrm{r}}+F_{4\mathrm{r}}-F_{7\mathrm{r}}-F_{8\mathrm{r}})+\frac{\sqrt{2-\sqrt{2}}}{2}l_{\mathrm{r}}(-F_{1\mathrm{r}}+F_{2\mathrm{r}}+F_{5\mathrm{r}}-F_{6\mathrm{r}})\\&=\frac{\sqrt{2+\sqrt{2}}}{2}l_{\mathrm{r}}C_T(\omega_3^2+\omega_4^2-\omega_7^2-\omega_8^2)+\frac{\sqrt{2-\sqrt{2}}}{2}l_{\mathrm{r}}C_T(-\omega_1^2+\omega_2^2+\omega_5^2-\omega_6^2)\\M_y^{\mathrm{b}}&=\frac{\sqrt{2+\sqrt{2}}}{2}l_{\mathrm{r}}(F_{1\mathrm{r}}+F_{2\mathrm{r}}-F_{5\mathrm{r}}-F_{6\mathrm{r}})+\frac{\sqrt{2-\sqrt{2}}}{2}l_{\mathrm{r}}(F_{3\mathrm{r}}-F_{4\mathrm{r}}-F_{7\mathrm{r}}+F_{8\mathrm{r}})\\&=\frac{\sqrt{2+\sqrt{2}}}{2}l_{\mathrm{r}}C_T(\omega_1^2+\omega_2^2-\omega_5^2-\omega_6^2)+\frac{\sqrt{2-\sqrt{2}}}{2}l_{\mathrm{r}}C_T(\omega_3^2-\omega_4^2-\omega_7^2+\omega_8^2)\end{aligned}\right\}\tag{5.13}$$

3. 动力系统模型

图 5.10 所示为单个电调、电机及螺旋桨的数学模型，其中，电池供电电压为 U_{b}，油门为百分比控制量 σ（主要由俯仰、偏航、滚转及升降 4 个控制量综合得到，后面将介绍如何对应分配，其值范围为[0,1]，实际上控制比例有效范围或线性度较好的范围为[0.2,0.8]），U_{m} 为电调输出给电机的等效电压，电池供电电压与电调输出等效电压满足关系 $U_{\mathrm{m}}=\sigma U_{\mathrm{b}}$。

以油门控制量 σ 为输入、电机转速 ω 为输出的电机-螺旋桨子系统的传递函数 $G_{\mathrm{r}}(s)$ 可表示为

$$G_{\mathrm{r}}(s)=\frac{C_{\mathrm{R}}\sigma+\bar{\omega}_{\mathrm{b}}}{T_{\mathrm{m}}s+1}\tag{5.14}$$

式(5.14)中，C_{R} 及 $\bar{\omega}_{\mathrm{b}}$ 为稳态的油门转速参数；T_{m} 为电机的一阶惯性环节时间常数，表征电机转子及其所带螺旋桨等惯性量对控制信号 σ 的响应速度（定义为系统的响应时间达到

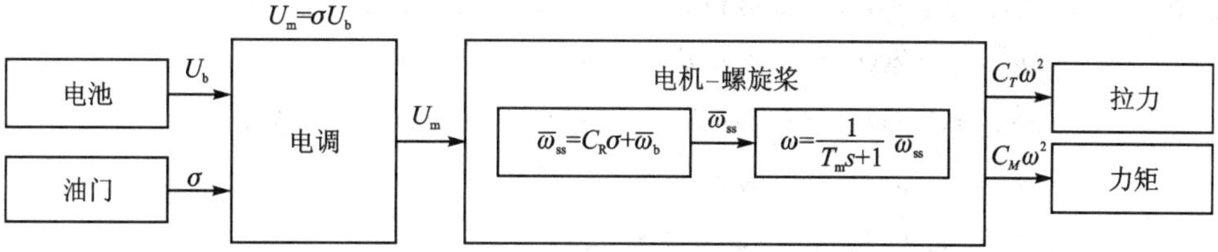

图 5.10　单个电调、电机及螺旋桨的数学模型

稳态值 63.2%所需的时间,如图 5.11 所示)。这些参数可以通过测试环节——给定不同的控制输入量 σ,记录稳态时的速度输出值,可以拟合得到油门转速稳态参数;给定控制输入量 σ 的单位阶跃输入,记录转速的动态曲线,可以拟合得到电机一阶惯性时间常数 T_m。

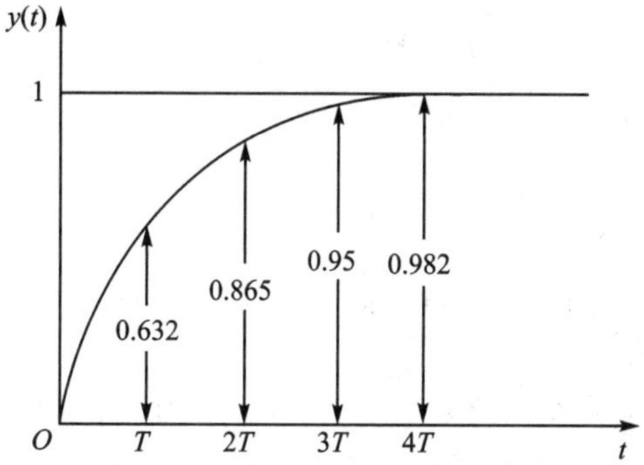

图 5.11　一阶系统的单位阶跃响应过程

在定义多旋翼无人机非线性模型之前,还需要给出无人机的三维位置方程以及欧拉角与三轴角速率的关系式。

(1) 三维位置方程

多旋翼无人机的三维位置微分方程可以简单地表示为

$$\begin{bmatrix}\dot{p}_N^n\\ \dot{p}_E^n\\ \dot{p}_D^n\end{bmatrix}=\boldsymbol{C}_b^n\begin{bmatrix}u\\ v\\ w\end{bmatrix} \tag{5.15}$$

式(5.15)中,$[p_N^n \quad p_E^n \quad p_D^n]^T$ 为多旋翼无人机的重心位置在导航坐标系中的坐标。

(2) 欧拉角运动学方程

欧拉角与三轴加速率之间的关系可表示为

$$\begin{bmatrix}\dot{\phi}\\ \dot{\theta}\\ \dot{\psi}\end{bmatrix}=\begin{bmatrix}1 & \sin\phi\tan\theta & \cos\phi\tan\theta\\ 0 & \cos\phi & -\sin\phi\\ 0 & \sin\phi/\cos\theta & \cos\phi/\cos\theta\end{bmatrix}\begin{bmatrix}p\\ q\\ r\end{bmatrix} \tag{5.16}$$

需要注意的是,当 $\theta=\pi/2$ 时,式(5.16)将出现奇异。为简化分析,所考虑的多旋翼无人机不会出现大机动动作,因此,式(5.16)可用,无需使用四元数替换描述。

(3) 非线性动力学方程

综上结合刚体六自由度运动学方程、多旋翼无人机旋翼产生的力与力矩、动力系统模型、三维位置方程及欧拉角运动学方程，可得系统的非线性动力学方程，如下：

$$\left.\begin{aligned}
&\dot{p}_N^{\mathrm{n}}=u\mathrm{c}\theta\mathrm{c}\psi+v(\mathrm{s}\phi\mathrm{s}\theta\mathrm{c}\psi-\mathrm{c}\phi\mathrm{s}\psi)+w(\mathrm{c}\phi\mathrm{s}\theta\mathrm{c}\psi+\mathrm{s}\phi\mathrm{s}\psi)\\
&\dot{p}_E^{\mathrm{n}}=u\mathrm{c}\theta\mathrm{s}\psi+v(\mathrm{s}\phi\mathrm{s}\theta\mathrm{s}\psi+\mathrm{c}\phi\mathrm{c}\psi)+w(\mathrm{c}\phi\mathrm{s}\theta\mathrm{s}\psi-\mathrm{s}\phi\mathrm{c}\psi)\\
&\dot{p}_D^{\mathrm{n}}=-u\mathrm{s}\theta+v\mathrm{s}\phi\mathrm{c}\theta+w\mathrm{c}\phi\mathrm{c}\theta\\
&\dot{u}=(rv-qw)-\mathrm{g}\mathrm{s}\theta+F_{\mathrm{r}x}^{\mathrm{b}}/m\\
&\dot{v}=(wp-ur)+\mathrm{g}\mathrm{s}\phi\mathrm{c}\theta+F_{\mathrm{r}y}^{\mathrm{b}}/m\\
&\dot{w}=(uq-vp)+\mathrm{g}\mathrm{c}\phi\mathrm{c}\theta+F_{\mathrm{r}z}^{\mathrm{b}}/m\\
&\dot{p}=[(I_{yy}-I_{zz})qr+M_x^{\mathrm{b}}]/I_{xx}\\
&\dot{q}=[(I_{zz}-I_{xx})rp+M_y^{\mathrm{b}}]/I_{yy}\\
&\dot{p}=[(I_{xx}-I_{yy})pq+M_z^{\mathrm{b}}]/I_{zz}\\
&\dot{\phi}=p+q\mathrm{s}\phi\mathrm{t}\theta+r\mathrm{c}\phi\mathrm{t}\theta\\
&\dot{\theta}=q\mathrm{c}\phi-r\mathrm{s}\phi\\
&\dot{\psi}=q\mathrm{s}\phi/\mathrm{c}\theta+r\mathrm{c}\phi/\mathrm{c}\theta
\end{aligned}\right\}\tag{5.17}$$

式(5.17)中，关于欧拉角的三角函数以简写替代：$\mathrm{c}\theta=\cos\theta$；$\mathrm{s}\theta=\sin\theta$；$\mathrm{t}\theta=\tan\theta$。

(4) 多旋翼无人机的动力分配矩阵

一般情况下，多旋翼无人机在自动飞行过程中，飞行器的自动驾驶仪通过解算目标高度与当前高度及目标姿态与当前姿态可以得到总距、滚转、俯仰及偏航控制指令(我们称之为期望的拉力、滚转、俯仰及偏航力矩，记为 F_{d}、M_{dx}、M_{dy} 及 M_{dz})。那么该指令又该如何转换成控制电调的百分比控制指令呢(工程接轨)？式(5.6)～式(5.13)给出了根据飞行器转速得到相应推力及力矩的关系，我们要做的就是将这个过程进行逆向求解——根据推力及力矩求得各个电机的期望转速，进而根据电机螺旋桨的模型再由期望转速获得每个电机期望的百分控制指令。

以下以四旋翼无人机 QUAD X 形进行相应指令的转换推导。通过前面所述内容可知，选择四旋翼无人机的 4 个电机后，产生的推力 F，力矩 M_x、M_y 及 M_z(记 $\boldsymbol{F\_M}=[F\quad M_x\quad M_y\quad M_z]^{\mathrm{T}}$)与各个电机的转速 ω_1、ω_2、ω_3、ω_4(记 $\boldsymbol{\omega}=[\omega_1\quad \omega_2\quad \omega_3\quad \omega_4]^{\mathrm{T}}$，$\boldsymbol{x}_{\boldsymbol{\omega}}=[\omega_1^2\quad \omega_2^2\quad \omega_3^2\quad \omega_4^2]^{\mathrm{T}}$)之间存在如下关系：

$$\boldsymbol{F\_M}=\begin{bmatrix}F\\M_x\\M_y\\M_z\end{bmatrix}=\begin{bmatrix}C_T & C_T & C_T & C_T\\ -\frac{\sqrt{2}}{2}l_{\mathrm{r}}C_T & \frac{\sqrt{2}}{2}l_{\mathrm{r}}C_T & \frac{\sqrt{2}}{2}l_{\mathrm{r}}C_T & -\frac{\sqrt{2}}{2}l_{\mathrm{r}}C_T\\ \frac{\sqrt{2}}{2}l_{\mathrm{r}}C_T & \frac{\sqrt{2}}{2}l_{\mathrm{r}}C_T & -\frac{\sqrt{2}}{2}l_{\mathrm{r}}C_T & -\frac{\sqrt{2}}{2}l_{\mathrm{r}}C_T\\ C_M & -C_M & C_M & -C_M\end{bmatrix}\begin{bmatrix}\omega_1^2\\ \omega_2^2\\ \omega_3^2\\ \omega_4^2\end{bmatrix}$$

$$=\begin{bmatrix}C_T & 0 & 0 & 0\\ 0 & l_{\mathrm{r}}C_T & 0 & 0\\ 0 & 0 & l_{\mathrm{r}}C_T & 0\\ 0 & 0 & 0 & C_M\end{bmatrix}\begin{bmatrix}1 & 1 & 1 & 1\\ -\frac{\sqrt{2}}{2} & \frac{\sqrt{2}}{2} & \frac{\sqrt{2}}{2} & -\frac{\sqrt{2}}{2}\\ \frac{\sqrt{2}}{2} & \frac{\sqrt{2}}{2} & -\frac{\sqrt{2}}{2} & -\frac{\sqrt{2}}{2}\\ 1 & -1 & 1 & -1\end{bmatrix}\begin{bmatrix}\omega_1^2\\ \omega_2^2\\ \omega_3^2\\ \omega_4^2\end{bmatrix}$$

$$=\boldsymbol{P}_{\rm a}\boldsymbol{M}_{\rm t}\boldsymbol{x}_{\boldsymbol{\omega}} \tag{5.18}$$

于是，已知电机螺旋桨产生的力及力矩后，通过对式(5.18)左右两边分别乘以矩阵 $\boldsymbol{P}_{\rm a}\boldsymbol{M}_{\rm t}$ 的逆可以得到电机的转速，如下：

$$\boldsymbol{x}_{\boldsymbol{\omega}}=\boldsymbol{M}_{\rm t}^{-1}\boldsymbol{P}_{\rm a}^{-1}\boldsymbol{F\_M}$$

$$=\frac{1}{4}\begin{bmatrix}1 & -\sqrt{2} & \sqrt{2} & 1\\ 1 & \sqrt{2} & \sqrt{2} & -1\\ 1 & \sqrt{2} & -\sqrt{2} & 1\\ 1 & -\sqrt{2} & -\sqrt{2} & -1\end{bmatrix}\begin{bmatrix}1/C_T & 0 & 0 & 0\\ 0 & 1/(l_{\rm r}C_T) & 0 & 0\\ 0 & 0 & 1/(l_{\rm r}C_T) & 0\\ 0 & 0 & 0 & 1/C_M\end{bmatrix}\boldsymbol{F\_M} \tag{5.19}$$

然后，根据式(5.14)中的静态项 $\omega=C_{\rm R}\sigma+\bar{\omega}_{\rm b}$，已知电机螺旋桨的转速，可以反向求解得到电调的控制量 σ 为

$$\sigma=(\omega-\bar{\omega}_{\rm b})/C_{\rm R} \tag{5.20}$$

至此，假设螺旋桨的升力、力矩比例系数 C_T 及 C_M，飞行器的物理参数(质量 m 及相对于飞行器本体坐标系的惯性矩 I_{xx}、I_{yy} 及 I_{zz})，结构参数 $l_{\rm r}$，电机螺旋桨的参数 $C_{\rm R}$ 及 $\bar{\omega}_{\rm b}$ 已知，建立如式(5.17)所示的非线性动力学方程就能够根据遥控器或是自驾仪的百分比控制输入指令(油门总距杆量、滚转杆量、俯仰杆量及偏航杆量)得到系统的状态响应。

对于六旋翼、八旋翼等多旋翼无人机，式(5.18)中的矩阵 $\boldsymbol{M}_{\rm t}$ 为非方阵，对其不能按照方阵进行求逆，可采用伪逆求解 $\boldsymbol{M}_{\rm t}$ 以得到式(5.19)所示的类似结果。

实训十二：多旋翼无人机非线性系统建模

实训题目：

多旋翼无人机非线性系统建模。

实训目的：

掌握多旋翼无人机的非线性系统建模；掌握常见的四旋翼无人机、六旋翼无人机、八旋翼无人机 X 形及＋形布局下的飞行器的动力分配矩阵计算方法。

实训素材：

给定一套参数(C_T、C_M、m、I_{xx}、I_{yy}、I_{zz}、$l_{\rm r}$、$C_{\rm R}$、$\bar{\omega}_{\rm b}$ 及 $T_{\rm m}$)；预装 MATLAB 软件的计算机一台。

实训原理：

参见 5.2 节中的相关内容。

实训步骤：

① 计算四旋翼无人机＋形、六旋翼 X 形、八旋翼 X 形及＋形布局下的飞行器的动力分配矩阵。

② 四旋翼无人机 X 形布局下的飞行器非线性系统建模，具体步骤如下：

第一，在 MATLAB 上建立多旋翼无人机的动力学模型(见式(5.17))；

第二，在 MATLAB 上建立电机-螺旋桨的动力学模型(见式(5.14))；

第三，在 MATLAB 上建立多旋翼无人机的动力分配矩阵(见式(5.19)及式(5.20))；

第四，将第一至第三建立得到的基本模型进行组合得到控制力、控制力矩到飞行器状态的开环模型；

第五，根据飞行器的质量，自行设计飞行器的起飞、前飞、侧飞、转向 4 个机动的期望的拉力、滚转、俯仰及偏航力矩，记为 F_{d}、M_{dx}、M_{dy} 及 M_{dz}；

第六，将期望的拉力、滚转、俯仰及偏航力矩作为输入指令，得到飞行器的飞行状态，并以数据、图形的形式记录结果。

实训报告及要求：

① 给出四旋翼＋形、六旋翼 X 形、八旋翼 X 形及＋形布局下的飞行器的动力分配矩阵计算的详细过程；

② 根据仿真的结果观察飞行状态数据是否与期望的控制目的一致，通过图形数据分析结论；

③ 按规范布局实训报告。

5.4 基于系统简化模型的多旋翼无人机飞行控制系统设计

多旋翼无人机系统是一个典型的非线性系统，对于其原始数学模型进行分析和控制器设计十分烦琐。另外，由于该飞行器具有欠驱动、强耦合、阶数高、非严反馈等特点，导致一些比较常用的非线性系统控制器设计方法，如最优控制、滑模控制等也很难应用于该系统中。目前，比较常用的分析和控制器设计方法是将飞行器模型进行简化处理，并基于简化的系统模型进行控制器设计。

下面以四旋翼无人机 QUAD X 形布局的飞行为例，进行飞行控制系统设计。首先对四旋翼无人机模型进行处理，得到简化的系统模型，进而分别利用经典 PID 控制方法和欠驱动系统的滑模控制方法实现对飞行器的控制，并通过仿真实验对分析和控制方法进行验证。针对四旋翼无人机的强耦合、阶数高的特性，在使用经典 PID 控制方法设计控制器时，将系统划分为位置子系统和姿态子系统分别进行控制器设计，使控制器设计过程更加直观，并降低了控制器的复杂程度。

5.4.1 四旋翼无人机 QUAD X 形布局的系统模型简化

根据四旋翼无人机的工作原理可知，通过调节每一组对应电机的转速差，能够使飞行器产生俯仰、滚转方向的角运动；通过调节两组电机的转速差，能够使飞行器产生偏航方向的运动；通过同时增加、减小 4 个电机的转速，能够使飞行器产生上升、下降的运动。因此，为使飞行器保持悬停的基本转速，使飞行器产生垂直方向运动的转速增量，以及使飞行器产生滚转、俯仰及偏航运动的转速差，现定义如下控制变量：ω_T、$\Delta\omega_T$、$\Delta\omega_\phi$、$\Delta\omega_\theta$、$\Delta\omega_\psi$。根据 5.2 节有关控制量的定义，可得 4 个电机系统的转速控制量与其对应拉力之间的关系为

$$\left.\begin{aligned}F_{\mathrm{r1}}&=C_T(\omega_T+\Delta\omega_T+\Delta\omega_\theta-\Delta\omega_\phi+\Delta\omega_\psi)^2\\F_{\mathrm{r2}}&=C_T(\omega_T+\Delta\omega_T+\Delta\omega_\theta+\Delta\omega_\phi-\Delta\omega_\psi)^2\\F_{\mathrm{r3}}&=C_T(\omega_T+\Delta\omega_T-\Delta\omega_\theta+\Delta\omega_\phi+\Delta\omega_\psi)^2\\F_{\mathrm{r4}}&=C_T(\omega_T+\Delta\omega_T-\Delta\omega_\theta-\Delta\omega_\phi-\Delta\omega_\psi)^2\end{aligned}\right\}\tag{5.21}$$

假设飞行器处于悬停或是小角度飞行状态，那么有：$\theta\approx0$，$\phi\approx0$，$\dot{\theta}\approx0$，$\dot{\phi}\approx0$，$\dot{\psi}\approx0$，$p\approx0$，$q\approx0$，$r\approx0$，$\cos\phi\approx1$，$\sin\phi\approx\phi$，$\cos\theta\approx1$，$\sin\theta\approx\theta$。

根据飞行器质量，能够得到使飞行器保持悬停状态的电机基本转速。考虑到飞行器工作在悬停状态，故有 $\sum_{i=1}^{4} F_{ri} = mg$。考虑到四旋翼无人机的稳定平衡点处于飞行器悬停状态，此时，与 ω_T 相比，$\Delta\omega_T$、$\Delta\omega_\phi$、$\Delta\omega_\theta$、$\Delta\omega_\psi$ 均为高阶小量，因此有 $4C_T\omega_T^2 = mg$。于是有

$$\omega_T = \sqrt{\frac{mg}{4C_T}} \tag{5.22}$$

由式(5.17)可知，当忽略飞行器遇到的阻力，且 $p\approx 0, q\approx 0, r\approx 0$ 时，可得位置子系统的动力学方程为

$$\left.\begin{aligned} \ddot{p}_{\mathrm{N}}^{\mathrm{n}} &= -g(\theta\cos\psi + \phi\sin\psi) \\ \ddot{p}_{\mathrm{E}}^{\mathrm{n}} &= -g(\theta\sin\psi - \phi\cos\psi) \\ \ddot{p}_{\mathrm{D}}^{\mathrm{n}} &= g - \cos\phi\cos\theta\,\frac{F_{\mathrm{rz}}^{\mathrm{b}}}{m} \end{aligned}\right\} \tag{5.23}$$

根据式(5.21)和式(5.22)并考虑到高阶小量的影响，得到 $F_{\mathrm{rz}}^{\mathrm{b}} = mg + 8C_T\omega_T\,\Delta\omega_T$，于是可得位置子系统经简化后的系统动力学方程为

$$\left.\begin{aligned} \ddot{p}_{\mathrm{N}}^{\mathrm{n}} &= -g(\theta\cos\psi + \phi\sin\psi) \\ \ddot{p}_{\mathrm{E}}^{\mathrm{n}} &= -g(\theta\sin\psi - \phi\cos\psi) \\ \ddot{p}_{\mathrm{D}}^{\mathrm{n}} &= -\frac{8C_T\omega_T}{m}\Delta\omega_T \end{aligned}\right\} \tag{5.24}$$

在悬停附近姿态角小角度变化时，式(5.16)所示的四旋翼无人机姿态子系统可简化为

$$\left.\begin{aligned} \dot{\phi} &= p \\ \dot{\theta} &= q \\ \dot{\psi} &= r \end{aligned}\right\} \tag{5.25}$$

结合式(5.7)、式(5.9)、式(5.17)、式(5.21)及式(5.25)可得飞行器姿态动力学简化系统为

$$\left.\begin{aligned} \dot{p} &= \frac{4\sqrt{2}\,l_{\mathrm{r}}C_T\omega_T}{I_{xx}}\Delta\omega_\phi \\ \dot{q} &= \frac{4\sqrt{2}\,l_{\mathrm{r}}C_T\omega_T}{I_{yy}}\Delta\omega_\theta \\ \dot{r} &= \frac{8C_M\omega_T}{I_{zz}}\Delta\omega_\psi \end{aligned}\right\} \tag{5.26}$$

5.4.2　四旋翼无人机 QUAD X 形布局的 PID 控制器设计

通过对系统模型进行简化处理，可以得到四旋翼无人机的系统简化模型，此时，四旋翼无人机的控制器设计过程将会大大简化。利用经典 PID 控制器可实现对四旋翼无人机的控制。根据四旋翼无人机的工作原理可知，飞行器对应电机的转速差能够实现对飞行器的姿态控制，而飞行器的位置控制是依靠电机的总升力和飞行器姿态改变的。因此，将飞行控制系统划分为位置控制系统和姿态控制系统分别进行控制器设计。由于飞行器姿态会直接影响飞行器的位置，因此，认为飞行器姿态控制器为内环控制器，位置控制器为外环控制器。基于简化

模型的 PID 控制系统方框图如图 5.12 所示。

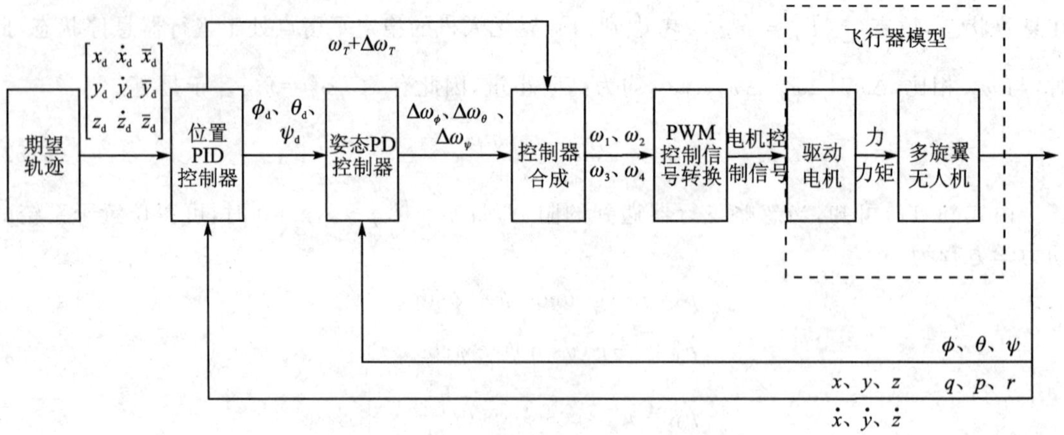

图 5.12 基于简化模型的 PID 控制系统方框图

在图 5.12 所示的控制器结构中,首先由期望轨迹和反馈的位置信息经位置 PID 控制器计算,得到飞行器升力控制量 $\omega_T+\Delta\omega_T$,以及期望姿态 ϕ_d、θ_d 和 ψ_d。期望姿态和反馈的姿态信息经姿态 PD 控制器,得到飞行器角运动控制量 $\Delta\omega_\phi$、$\Delta\omega_\theta$、$\Delta\omega_\psi$,进而将控制量 $\omega_T+\Delta\omega_T$、$\Delta\omega_\phi$、$\Delta\omega_\theta$ 和 $\Delta\omega_\psi$ 合成为 4 个电机的期望转速,最后将期望转速转换为电机的百分比控制信号以完成对飞行器的实时控制。

1. 位置控制系统设计

首先进行位置控制系统设计,从而得到 $\Delta\omega_T$ 以及期望姿态 ϕ_d、θ_d 和 ψ_d。利用 PID 控制策略,得到含有系统期望的加速度的表达式如下:

$$\left.\begin{aligned}&(\ddot{p}_{\mathrm{N}}^{\mathrm{n}}-\ddot{p}_{\mathrm{N}}^{\mathrm{n,d}})+k_{\mathrm{d},x}(\dot{p}_{\mathrm{N}}^{\mathrm{n}}-\dot{p}_{\mathrm{N}}^{\mathrm{n,d}})+k_{\mathrm{p},x}(p_{\mathrm{N}}^{\mathrm{n}}-p_{\mathrm{N}}^{\mathrm{n,d}})+k_{\mathrm{i},x}\int(p_{\mathrm{N}}^{\mathrm{n}}-p_{\mathrm{N}}^{\mathrm{n,d}})\,\mathrm{d}t=0\\&(\ddot{p}_{\mathrm{E}}^{\mathrm{n}}-\ddot{p}_{\mathrm{E}}^{\mathrm{n,d}})+k_{\mathrm{d},y}(\dot{p}_{\mathrm{E}}^{\mathrm{n}}-\dot{p}_{\mathrm{E}}^{\mathrm{n,d}})+k_{\mathrm{p},y}(p_{\mathrm{E}}^{\mathrm{n}}-p_{\mathrm{E}}^{\mathrm{n,d}})+k_{\mathrm{i},y}\int(p_{\mathrm{E}}^{\mathrm{n}}-p_{\mathrm{E}}^{\mathrm{n,d}})\,\mathrm{d}t=0\\&(\ddot{p}_{\mathrm{D}}^{\mathrm{n}}-\ddot{p}_{\mathrm{N}}^{\mathrm{n,d}})+k_{\mathrm{d},z}(\dot{p}_{\mathrm{D}}^{\mathrm{n}}-\dot{p}_{\mathrm{D}}^{\mathrm{n,d}})+k_{\mathrm{p},z}(p_{\mathrm{D}}^{\mathrm{n}}-p_{\mathrm{D}}^{\mathrm{n,d}})+k_{\mathrm{i},z}\int(p_{\mathrm{D}}^{\mathrm{n}}-p_{\mathrm{D}}^{\mathrm{n,d}})\mathrm{d}t=0\end{aligned}\right\}\quad(5.27)$$

式(5.27)中,控制参数 $k_{\mathrm{d},x}$、$k_{\mathrm{p},x}$、$k_{\mathrm{i},x}$、$k_{\mathrm{d},y}$、$k_{\mathrm{p},y}$、$k_{\mathrm{i},y}$、$k_{\mathrm{d},z}$、$k_{\mathrm{p},z}$ 和 $k_{\mathrm{i},z}$ 为正常数,通过选择合适的控制参数,可以使式(5.27)为一个稳定的 Routh-Hurwitz 多项式(注意,式(5.27)中每一个方向的控制都可以等价于一个三阶系统,对应于一个三阶多项式)。此时,系统的位置跟踪控制误差是指数稳定的。

Hurwitz 多项式稳定判据如下:

设系统的特征方程式为

$$a_n s^n + a_{n-1} s^{n-1} + \cdots + a_1 s + a_0 = 0$$

则系统稳定的充要条件是 $a_n>0$,且由特征方程系数构成的 Hurwitz 行列式的主子行列式全部为正。其中,Hurwitz 行列式定义为

$$
\boldsymbol{\Delta}=\begin{vmatrix}
a_{n-1} & a_{n-3} & a_{n-5} & a_{n-7} & \cdots & 0 \\
a_{n} & a_{n-2} & a_{n-4} & a_{n-6} & \cdots & 0 \\
0 & a_{n-1} & a_{n-3} & a_{n-5} & \cdots & 0 \\
0 & 0 & a_{n-2} & a_{n-4} & \cdots & 0 \\
\vdots & \vdots & \vdots & \vdots & & \vdots \\
0 & 0 & 0 & 0 & \cdots & a_{0}
\end{vmatrix}_{n\times n}
$$

Hurwitz 行列式的构造：主对角线上的各项为特征方程的第二项系数 a_{n-1} 至最后一项系数 a_0，在主对角线以下各行中各项系数的下标逐次增加，在主对角线以上各行中各项系数的下标逐次减小。当下标大于 n 或小于 0 时，行列式中的选项取 0。

那么可以获得三维位置动态为

$$
\left.\begin{aligned}
\ddot{p}_{\mathrm{N}}^{\mathrm{n}} &= \ddot{p}_{\mathrm{N}}^{\mathrm{n,d}} - k_{\mathrm{d},x}(\dot{p}_{\mathrm{N}}^{\mathrm{n}} - \dot{p}_{\mathrm{N}}^{\mathrm{n,d}}) - k_{\mathrm{p},x}(p_{\mathrm{N}}^{\mathrm{n}} - p_{\mathrm{N}}^{\mathrm{n,d}}) - k_{\mathrm{i},x}\int(p_{\mathrm{N}}^{\mathrm{n}} - p_{\mathrm{N}}^{\mathrm{n,d}})\mathrm{d}t \\
\ddot{p}_{\mathrm{E}}^{\mathrm{n}} &= \ddot{p}_{\mathrm{E}}^{\mathrm{n,d}} - k_{\mathrm{d},y}(\dot{p}_{\mathrm{E}}^{\mathrm{n}} - \dot{p}_{\mathrm{E}}^{\mathrm{n,d}}) - k_{\mathrm{p},y}(p_{\mathrm{E}}^{\mathrm{n}} - p_{\mathrm{E}}^{\mathrm{n,d}}) - k_{\mathrm{i},y}\int(p_{\mathrm{E}}^{\mathrm{n}} - p_{\mathrm{E}}^{\mathrm{n,d}})\mathrm{d}t \\
\ddot{p}_{\mathrm{D}}^{\mathrm{n}} &= \ddot{p}_{\mathrm{N}}^{\mathrm{n,d}} - k_{\mathrm{d},z}(\dot{p}_{\mathrm{D}}^{\mathrm{n}} - \dot{p}_{\mathrm{D}}^{\mathrm{n,d}}) - k_{\mathrm{p},z}(p_{\mathrm{D}}^{\mathrm{n}} - p_{\mathrm{D}}^{\mathrm{n,d}}) - k_{\mathrm{i},z}\int(p_{\mathrm{D}}^{\mathrm{n}} - p_{\mathrm{D}}^{\mathrm{n,d}})\mathrm{d}t
\end{aligned}\right\}\tag{5.28}
$$

需要注意的是：考虑到积分项对系统稳定性的影响，这里使积分项仅在系统误差较小时起作用，这在许多参考文献里都有提及。因此，在设计位置控制系统参数时，应考虑是否使用积分参数的问题（一个是三阶系统，一个是二阶系统）。

另外，当稳定定点悬停控制时，$\ddot{p}_{\mathrm{N}}^{\mathrm{n,d}}=0$，$\dot{p}_{\mathrm{N}}^{\mathrm{n,d}}=0$，$\ddot{p}_{\mathrm{E}}^{\mathrm{n,d}}=0$，$\dot{p}_{\mathrm{E}}^{\mathrm{n,d}}=0$，$\ddot{p}_{\mathrm{D}}^{\mathrm{n,d}}=0$，$\dot{p}_{D}^{\mathrm{n,d}}=0$；而当进行轨迹跟踪控制时，飞行器的期望速度、加速度的信息可以通过计算轨迹对时间的导数得到。

根据式(5.24)，结合式(5.28)可以得到期望姿态和升力控制量为

$$
\left.\begin{aligned}
\phi_{\mathrm{d}} &= -\frac{1}{g}(\ddot{p}_{\mathrm{N}}^{\mathrm{n}}\sin\psi - \ddot{p}_{\mathrm{E}}^{\mathrm{n,d}}\cos\psi) \\
\theta_{\mathrm{d}} &= -\frac{1}{g}(\ddot{p}_{\mathrm{N}}^{\mathrm{n}}\cos\psi + \ddot{p}_{\mathrm{E}}^{\mathrm{n,d}}\sin\psi) \\
\Delta\omega_{T} &= -\frac{m}{8C_{T}\omega_{T}}\ddot{p}_{\mathrm{D}}^{\mathrm{n}}
\end{aligned}\right\}\tag{5.29}
$$

使飞行器产生垂直方向运动的转速增量为

$$
\Delta\omega_{T} = -\frac{m}{8C_{T}\omega_{T}}\left[\ddot{p}_{\mathrm{N}}^{\mathrm{n,d}} - k_{\mathrm{d},z}(\dot{p}_{\mathrm{D}}^{\mathrm{n}} - \dot{p}_{\mathrm{D}}^{\mathrm{n,d}}) - k_{\mathrm{p},z}(p_{\mathrm{D}}^{\mathrm{n}} - p_{\mathrm{D}}^{\mathrm{n,d}}) - k_{\mathrm{i},z}\int(p_{\mathrm{D}}^{\mathrm{n}} - p_{\mathrm{D}}^{\mathrm{n,d}})\mathrm{d}t\right]\tag{5.30}
$$

2．姿态控制系统设计

姿态控制系统设计的目的是使系统姿态能够跟踪由位置控制系统计算得到的期望姿态。由于在姿态环加入积分会对系统稳定性造成较大影响，因此使用一个 PD 控制器进行姿态控制。考虑飞行器的姿态动力学方程，通过引入以下状态反馈并选取合适的控制参数，即可使飞行器姿态子系统稳定。

利用 PD 控制策略得到含有系统期望加速度的表达式，如下：

$$\left.\begin{aligned}(\ddot{\phi}-\ddot{\phi}_{\rm d})+k_{\rm d,\phi}(\dot{\phi}-\dot{\phi}_{\rm d})+k_{\rm p,\phi}(\phi-\phi_{\rm d})=0\\(\ddot{\theta}-\ddot{\theta}_{\rm d})+k_{\rm d,\theta}(\dot{\theta}-\dot{\theta}_{\rm d})+k_{\rm p,\theta}(\theta-\theta_{\rm d})=0\\(\ddot{\psi}-\ddot{\psi}_{\rm d})+k_{\rm d,\psi}(\dot{\psi}-\dot{\psi}_{\rm d})+k_{\rm p,\psi}(\psi-\psi_{\rm d})=0\end{aligned}\right\}\tag{5.31}$$

式(5.31)中,控制参数 $k_{\rm d,\phi}$、$k_{\rm p,\phi}$、$k_{\rm d,\phi}$、$k_{\rm p,\psi}$、$k_{\rm d,\psi}$ 和 $k_{\rm p,\psi}$ 为正常数,通过选择合适的控制参数,可以使式(5.31)为一个稳定的 Routh-Hurwitz 多项式(注意,式(5.31)中每一个方向的控制都可以等价为一个二阶系统,对应于一个二阶多项式)。此时,系统的姿态跟踪控制误差是指数稳定的。

那么可以获得三维姿态动态为

$$\left.\begin{aligned}\ddot{\phi}=\ddot{\phi}_{\rm d}-k_{\rm d,\phi}(\dot{\phi}-\dot{\phi}_{\rm d})-k_{\rm p,\phi}(\phi-\phi_{\rm d})\\\ddot{\theta}=\ddot{\theta}_{\rm d}-k_{\rm d,\theta}(\dot{\theta}-\dot{\theta}_{\rm d})-k_{\rm p,\theta}(\theta-\theta_{\rm d})\\\ddot{\psi}=\ddot{\psi}_{\rm d}-k_{\rm d,\psi}(\dot{\psi}-\dot{\psi}_{\rm d})-k_{\rm p,\psi}(\psi-\psi_{\rm d})\end{aligned}\right\}\tag{5.32}$$

由式(5.25)及式(5.26)可以得到使飞行器产生滚转、俯仰及偏航运动的转速差 $\Delta\omega_\phi$、$\Delta\omega_\theta$、$\Delta\omega_\psi$ 分别为

$$\left.\begin{aligned}\Delta\omega_\phi=\frac{I_{xx}}{4\sqrt{2}l_{\rm r}C_T\omega_T}\dot{p}=\frac{I_{xx}}{4\sqrt{2}l_{\rm r}C_T\omega_T}\ddot{\phi}\\\Delta\omega_\theta=\frac{I_{yy}}{4\sqrt{2}l_{\rm r}C_T\omega_T}\dot{q}=\frac{I_{yy}}{4\sqrt{2}l_{\rm r}C_T\omega_T}\ddot{\theta}\\\Delta\omega_\psi=\frac{I_{zz}}{8C_M\omega_T}\dot{r}=\frac{I_{zz}}{8C_M\omega_T}\ddot{\psi}\end{aligned}\right\}\tag{5.33}$$

综合式(5.30)、式(5.32)及式(5.33),使飞行器产生垂直方向运动的转速增量,以及使飞行器产生滚转、俯仰及偏航运动的转速差 $\Delta\omega_T$、$\Delta\omega_\phi$、$\Delta\omega_\theta$、$\Delta\omega_\psi$ 可表示为

$$\left.\begin{aligned}\Delta\omega_T=-\frac{m}{8C_T\omega_T}\left[\ddot{p}_{\rm N}^{\rm n,d}-k_{\rm d,z}(\dot{p}_{\rm D}^{\rm n}-\dot{p}_{\rm D}^{\rm n,d})-k_{\rm p,z}(p_{\rm D}^{\rm n}-p_{\rm D}^{\rm n,d})-k_{\rm i,z}\int(p_{\rm D}^{\rm n}-p_{\rm D}^{\rm n,d}){\rm d}t\right]\\\Delta\omega_\phi=\frac{I_{xx}}{4\sqrt{2}l_{\rm r}C_T\omega_T}[\ddot{\phi}_{\rm d}-k_{\rm d,\phi}(\dot{\phi}-\dot{\phi}_{\rm d})-k_{\rm p,\phi}(\phi-\phi_{\rm d})]\\\Delta\omega_\theta=\frac{I_{yy}}{4\sqrt{2}l_{\rm r}C_T\omega_T}[\ddot{\theta}_{\rm d}-k_{\rm d,\theta}(\dot{\theta}-\dot{\theta}_{\rm d})-k_{\rm p,\theta}(\theta-\theta_{\rm d})]\\\Delta\omega_\psi=\frac{I_{zz}}{8C_M\omega_T}[\ddot{\psi}_{\rm d}-k_{\rm d,\psi}(\dot{\psi}-\dot{\psi}_{\rm d})-k_{\rm p,\psi}(\psi-\psi_{\rm d})]\end{aligned}\right\}\tag{5.34}$$

关于式(5.34),当飞行器做定点悬停控制或直线小机动飞行时,可设 $\ddot{p}_{\rm N}^{\rm n,d}=0$,$\dot{p}_{\rm N}^{\rm n,d}=0$,$\ddot{\phi}_{\rm d}=0$,$\dot{\phi}_{\rm d}=0$,$\ddot{\theta}_{\rm d}=0$,$\dot{\theta}_{\rm d}=0$,$\ddot{\psi}_{\rm d}=0$,$\dot{\psi}_{\rm d}=0$。于是,当飞行器参数 C_T、C_M、m、I_{xx}、I_{yy}、I_{zz}、l_r、$C_{\rm R}$ 及 $\bar{\omega}_{\rm b}$ 等未知时,可以通过对已调好的 PID 参数进行一定倍数的放大以得到实际所需的百分比控制增量,进而实现多旋翼无人机的控制。

5.4.3 PID 控制器参数的选择

PID 算法是最早发展起来的控制策略之一,由于其算法简单、鲁棒性(系统抵御各种扰动因素——包括系统内部结构、参数的不确定性,系统外部的各种干扰等的能力)好及可靠性高

而被广泛地用于过程控制和运动控制中。尤其是随着计算机技术的发展，数字 PID 控制更被广泛地加以应用，不同的 PID 控制算法其控制效果也各有不同。将偏差的比例(Proportion)、积分(Integral)和微分(Differential)通过线性组合构成控制量，用这一控制量对被控对象进行控制，这样的控制器称 PID 控制器。

1. 模拟 PID 控制原理

在模拟控制系统中，控制器最常用的控制规律是 PID 控制。常规的模拟 PID 控制系统原理框图如图 5.13 所示，该系统由模拟 PID 控制器和被控对象组成。在图 5.13 中，$r(t)$是给定值，$y(t)$是系统的实际输出值，给定值与实际输出值构成控制偏差 $e(t)$，即

$$e(t)=r(t)-y(t) \tag{5.35}$$

由于 $e(t)$作为 PID 控制的输入，$u(t)$作为 PID 控制器的输出和被控对象的输入，所以模拟 PID 控制器的控制规律为

$$u(t)=k_{\mathrm{p}}\left[e(t)+\frac{1}{T_{\mathrm{i}}}\int_{0}^{t}e(t)\mathrm{d}t+T_{\mathrm{d}}\frac{\mathrm{d}e(t)}{\mathrm{d}t}\right] \tag{5.36}$$

式(5.36)中，k_{p}为控制器的比例系数；T_{i} 为控制器的积分时间，也称积分系数；T_{d} 为控制器的微分时间，也称微分系数。

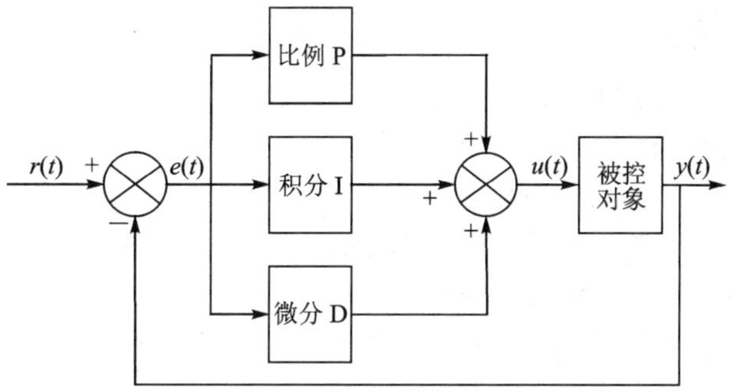

图 5.13 模拟 PID 控制系统原理框图

(1) 比例部分

比例部分的数学表达式是 $k_{\mathrm{p}}e(t)$。在模拟 PID 控制器中，比例环节的作用是对偏差瞬间做出反应。偏差一旦产生，控制器就立即产生控制作用，使控制量向减少偏差的方向变化。控制作用的强弱取决于比例系数 k_{p}，比例系数 k_{p} 越大，控制作用越强，则过渡过程越快，控制过程的静态偏差也就越小。但是，k_{p} 越大，也越容易产生振荡，破坏系统的稳定性。因此，比例系数 k_{p} 必须选择恰当，才能取得过渡时间少、静差小而又稳定的效果。

(2) 积分部分

积分部分的数学表达式是 $\frac{k_{\mathrm{p}}}{T_{\mathrm{i}}}\int_{0}^{t}e(t)\mathrm{d}t$。从积分部分的数学表达式可知，只要存在偏差，它的控制作用就会不断地增加，只有在偏差 $e(t)=0$ 时，它的积分才能是一个常数，控制作用才是一个不会增加的常数。可见，积分部分可以消除系统的偏差。

积分环节的调节作用虽然会消除静态误差，但也会降低系统的响应速度，增加系统的超调量。积分常数 T_{i} 越大，积分的积累作用越弱，这时系统在过渡时就不会产生振荡；但是增大积分常数会减慢静态误差的消除过程，消除偏差所需的时间也较长，但可以减小超调量，提高

系统的稳定性。当 T_i 较小时，积分的作用较强，这时在系统过渡过程中有可能产生振荡，但消除偏差所需的时间较短。所以，必须根据实际控制的具体要求来确定 T_i。

(3) 微分部分

微分部分的数学表达式是 $k_p T_d \frac{de(t)}{dt}$。实际的控制系统除了希望消除静态误差外，还要求加快调节过程。在偏差出现的瞬间，或在偏差变化的瞬间，不但要对偏差量做出立即响应(比例环节的作用)，而且要根据偏差的变化趋势预先给出适当的纠正。为了实现这一作用，可在 PI 控制器的基础上加入微分环节，形成 PID 控制器。

微分环节的作用是阻止偏差的变化，它是根据偏差的变化趋势(变化速度)进行控制的。偏差变化越快，微分控制器的输出就越大，并能在偏差值变大之前进行修正。微分作用的引入将有助于减小超调量，克服振荡，使系统趋于稳定，特别是对高阶系统非常有利，它加快了系统的跟踪速度。但微分的作用对输入信号的噪声很敏感，所以对那些噪声较大的系统一般不用微分，或在微分起作用之前先对输入信号进行滤波。

微分部分的作用由微分时间常数 T_d 决定，T_d 越大，则它抑制偏差 $e(t)$ 变化的作用越强；T_d 越小，则它抑制偏差 $e(t)$ 变化的作用越弱。微分部分显然对系统稳定有很大的作用。

注意：适当地选择微分常数 T_d 可以使微分作用达到最优。

2. 数字 PID 控制算法

数字 PID 控制算法可分为位置式 PID 控制算法和增量式 PID 控制算法。

(1) 位置式 PID 控制算法

由于计算机控制是一种采样控制，它只能根据采样时刻的偏差计算控制量，而不能像模拟控制那样连续输出控制量，进行连续控制。鉴于此，式(5.36)中的积分项和微分项不能直接使用，必须进行离散化处理。离散化处理的方法为：以 T 为采样周期，k 作为采样序号(见式(5.37))，则离散采样时间对应着连续时间，然后用矩形法数值积分近似代替积分，用一阶后向差分近似代替微分，可作如下近似变换：

$$
\begin{gathered}
t = kT, \quad k = 0,1,2,\cdots \\
\int_0^t e(t)\mathrm{d}t \approx \sum_{j=0}^{k} e(jT)T = T\sum_{j=0}^{k} e_j \\
\frac{\mathrm{d}e(t)}{\mathrm{d}t} \approx \frac{e(kT) - e[(k-1)T]}{T} = \frac{e_k - e_{k-1}}{T}
\end{gathered} \tag{5.37}
$$

为了表示方便，将式(5.37)中的 $e(kT)$ 简化为 e_k，类似情况同样处理。将式(5.37)代入式(5.36)，就可以得到离散的 PID 表达式，即

$$
u_k = k_p\left(e_k + \frac{T}{T_i}\sum_{j=0}^{k} e_j + T_d\frac{e_k - e_{k-1}}{T}\right) \tag{5.38}
$$

或

$$
u_k = k_p e_k + k_i \sum_{j=0}^{k} e_j + k_d(e_k - e_{k-1}) \tag{5.39}
$$

式(5.38)及式(5.39)中，下角标 k 为采样序号，$k=0,1,2,\cdots$；u_k 为第 k 次采样时刻的计算机输出值；e_k 为第 k 次采样时刻输入的偏差值；e_{k-1} 为第 $k-1$ 次采样时刻输入的偏差值；k_i 为积分系数，$k_i = k_p \times \frac{T}{T_i}$；$k_d$ 为微分系数，$k_d = k_p \times \frac{T_d}{T}$。

如果采样周期足够小，则式(5.38)或式(5.39)的近似计算可以获得足够精确的结果，离散控制过程与连续过程十分接近。

式(5.38)或式(5.39)表示的控制算法是直接按照式(5.36)所给出的 PID 控制规律定义进行计算的，所以这两个表达式给出了全部控制量的大小，因此被称为全量式或位置式 PID 控制算法。

这种算法的缺点是：由于全量输出，所以每次输出均与过去状态有关，计算时要对 e_k 进行累加，工作量大；并且，因为计算机输出的 u_k 对应的是执行机构的实际位置，如果计算机出现故障，则输出的 u_k 将大幅度变化，会引起执行机构的大幅度变化，有可能因此造成严重的生产事故，这在实生产际中是不允许的。

(2) 增量式 PID 控制算法

所谓增量式 PID 是指数字控制器的输出只是控制量的增量 Δu_k。当执行机构需要的控制量是增量，而不是位置量的绝对数值时，可以使用增量式 PID 控制算法进行控制。

增量式 PID 控制算法可以通过式(5.36)推导得到。由式(5.36)可以得到控制器的第 $k-1$ 个采样时刻的输出值为

$$u_{k-1}=k_p\left(e_{k-1}+\frac{T}{T_i}\sum_{j=0}^{k-1}e_j+T_d\frac{e_{k-1}-e_{k-2}}{T}\right) \tag{5.40}$$

将式(5.39)与式(5.40)相减并整理，就可以得到增量式 PID 控制算法的公式，即

$$\begin{aligned}\Delta u_k &= u_k-u_{k-1}\\ &=k_p\left(e_k-e_{k-1}+\frac{T}{T_i}e_k+T_d\frac{e_k-2e_{k-1}+e_{k-2}}{T}\right)\\ &=k_p(e_k-e_{k-1})+k_ie_k+k_d(e_k-2e_{k-1}+e_{k-2})\end{aligned} \tag{5.41}$$

增量式 PID 控制算法与位置式 PID 控制算法相比，计算量小得多，因此在实际中得到广泛的应用。而位置式 PID 控制算法也可以通过增量式 PID 控制算法得到递推计算公式：

$$u_k=u_{k-1}+\Delta u_k \tag{5.42}$$

3. PID 控制器参数整定

控制器参数整定：是指决定调节器的比例系数 k_p、积分时间 T_i、微分时间 T_d 和采样周期 T_s 的具体数值。整定的实质是通过改变调节器的参数，使其特性和过程特性相匹配，以改善系统的动态和静态指标，取得最佳的控制效果。

整定调节器参数的方法很多，归纳起来可分为两大类，即理论计算整定法和工程整定法。理论计算整定法有对数频率特性法和根轨迹法等；工程整定法有凑试法、临界比例法、经验法、衰减曲线法和响应曲线法等。工程整定法的特点是：不需要事先知道过程的数学模型，直接在过程控制系统中进行现场整定，方法简单、计算简便、易于掌握。

调试参数的口诀：

参数整定找最佳，从小到大顺序查。
先是比例后积分，最后再把微分加。
曲线振荡很频繁，比例度盘要放大。
曲线漂浮绕大弯，比例度盘往小扳。
曲线偏离回复慢，积分时间往下降。
曲线波动周期长，积分时间再加长。

曲线振荡频率快，先把微分降下来。
动差大来波动慢，微分时间应加长。
理想曲线两个波，前高后低四比一。
一看二调多分析，调节质量不会低。

(1) 凑试法

增大比例系数 k_p 一般将加快系统的响应，在有静差的情况下有利于减小静差，但是过大的比例系数会使系统有比较大的超调并产生振荡，使系统的稳定性变坏。

增大积分系数 k_i（减小积分时间 T_i）有利于减小超调，减小振荡，使系统的稳定性增加，但系统静差消除时间变长。

增大微分系数 k_d（增大微分时间 T_d）有利于加快系统的响应速度，使系统超调量减小，稳定性增加，但系统对扰动的抑制能力减弱。

在凑试时，可参考以上参数对系统控制过程的影响趋势，对参数调整实行先比例、后积分、再微分的整定步骤。

首先整定比例部分。将比例参数由小变大，并观察相应的系统响应，直至得到反应快、超调量小的响应曲线。假如系统没有静差或静差已经小到允许范围内，并且对响应曲线已经满足，则只需要进行比例调节。

假如在比例调节的基础上系统的静差不能满足设计要求，则必须加进积分环节。在整定时先将积分时间设定到一个比较大的值，然后将已经调节好的比例系数略为缩小（此时应将上述比例系数 k_p 设置为 $5/6k_p$），然后减小积分时间，使得系统在保持良好动态性能的情况下消除静差。在此过程中，可根据系统响应曲线的好坏反复改变比例系数和积分时间，以期得到满意的控制过程和整定参数。

假如在上述调整过程中对系统的动态过程反复调整还不能得到满意的结果，则可以加进微分环节。首先把微分系数 k_d 设置为 0，在上述基础上逐渐增加微分时间，同时相应地改变比例系数和积分时间，逐步凑试，直至得到满意的调节效果。

人们通过对 PID 控制理论的认识和长期人工操作经验的总结，可知 PID 参数应依据以下几点来适应系统的动态过程。

① 在偏差比较大时，为尽快消除偏差，提高响应速度，同时为避免系统响应出现超调情况，k_p 取大值，k_i 取零；在偏差比较小时，为继续减小偏差，并防止超调量过大、产生振荡、稳定性变坏，k_p 值要减小，k_i 取小值；在偏差很小时，为消除静差，克服超调，使系统尽快稳定，k_p 值继续减小，k_i 值不变或稍取大。

② 当偏差与偏差变化率同号时，被控量是朝着偏离既定值方向变化的。因此，当被控量接近定值时，反号的比例作用阻碍积分作用，避免积分超调及随之而来的振荡，有利于控制；而当被控量远未接近各定值并向定值变化时，由于这两项反向，将会减慢控制过程。当偏差比较大，偏差变化率与偏差异号时，k_p 值取零或负值，以加快控制的动态过程。

③ 偏差变化率的大小表明偏差变化的速率，$e_k - e_{k-1}$ 越大，k_p 取值越小，k_i 取值越大，反之亦然。同时，要结合偏差大小来考虑。

④ 微分作用可改善系统的动态特性，阻止偏差的变化，有助于减小超调量，消除振荡，缩短调节时间 t_s，允许加大 k_p，使系统稳态误差减小，提高控制精度，达到满意的控制效果。所以，当 e_k 比较大时，k_d 取零，实际为 PI 控制；当 e_k 比较小时，k_d 取一正值，实行 PID 控制。

（2）经验法

用凑试法确定PID控制器参数需要经过多次反复的实验，为了减少凑试次数，提高工作效率，可以借鉴他人的经验，并根据一定的要求，事先做少量的实验，以得到若干基准参数，然后按照经验公式，用这些基准参数导出PID控制器参数，这就是经验法。

临界比例法就是一种经验法。这种方法首先将控制器选为纯比例控制器，并形成闭环，改变比例系数，使系统对阶跃输入的响应达到临界状态（等幅振荡），这时记下比例系数 k_u、临界振荡周期 T_u，根据Z-N提供的经验公式，就可以由这两个基准参数得到不同类型控制器的参数，如表5.7所列。

表5.7　临界比例法确定的模拟PID控制器参数

控制器类型	k_p	T_i	T_d
P	$0.5k_u$	0	0
PI	$0.45k_u$	$0.85T_u$	0
PID	$0.6k_u$	$0.5T_u$	$0.12T_u$

这种临界比例法是针对模拟PID控制器的，对于数字PID控制器，只要采样周期取的较小，原则上也同样适用。在电机的控制中，可以先采用临界比例法，然后在采用临界比例法求得结果的基础上用凑试法进一步完善。

表5.7中的控制参数实际上是按衰减度为1/4时得到的。通常认为1/4的衰减度能兼顾到稳定性和快速性。如果要求更大的衰减，则必须用凑试法对参数作进一步的调整。

4. 采样周期的选择

香农（Shannon）采样定律：为不失真地复现信号的变化，采样频率至少应大于或等于连续信号最高频率分量的两倍。根据采样定律可以确定采样周期的上限值。实际采样周期的选择还要受到多方面因素的影响，不同的系统采样周期应根据具体的情况来选择。

采样周期的选取应与PID控制器参数的整定进行综合考虑，采样周期应远小于过程扰动信号的周期，在执行器的响应速度比较慢时，过小的采样周期将失去意义，因此可适当选大一点；在计算机运算速度允许的条件下，采样周期短，则控制品质好；当过程的纯滞后时间较长时，一般选取采样周期为纯滞后时间的1/4～1/8。

5.4.4　实训十三：多旋翼无人机PID控制仿真

实训题目：

多旋翼无人机PID控制仿真。

实训目的：

掌握多旋翼无人机姿态稳定控制器、位置控制器的设计，掌握PID调节参数的方法。

实训素材：

给定一套参数（C_T、C_M、m、I_{xx}、I_{yy}、I_{zz}、l_r、C_R、$\bar{\omega}_b$ 及 T_m）；预装MATLAB软件的计算机一台。

实训原理：

在实训十二建立的多旋翼无人机的非线性模型基础上，以5.4节基于简化的三维位置及姿态模型为对象，分别设计姿态稳定控制器及位置控制器。其中，首先要根据系统的质量计算得到维持飞行器悬停飞行时的每个螺旋桨的基本推力及相应的电调控制百分比，而后计算得到基本的控制参数(注意，参数值与实际系统的合理性)，并进行仿真分析。

实训步骤：

① 计算四旋翼X形、六旋翼X形、八旋翼X形及+形布局下飞行器电机系统的转速控制量与其对应拉力之间的关系(见式(5.21))，计算飞行器姿态动力学简化系统模型(见式(5.26))。

② 四旋翼无人机QUAD X形布局下的PID控制器设计与仿真，具体步骤如下：

第一，根据系统的质量计算维持飞行器悬停飞行时的每个螺旋桨的基本推力及相应的电调控制百分比；

第二，在MATLAB上基于式(5.26)的相对独立模型设计姿态稳定PID控制器，设计合理的PID控制器参数，保证满足稳定性(记录调试参数过程)；

第三，在MATLAB上基于式(5.29)及式(5.30)的垂直方向模型设计稳定PID控制器，设计合理的PID控制器参数，保证满足稳定性(记录调试参数过程)；

第四，在MATLAB上基于式(5.27)设计三维位置稳定PID控制器参数(注意参数的合理性)(记录调试参数过程)；

第五，将上述控制器与飞行器的简化模型进行联合调试，调整PID控制器参数以保证系统仿真的稳定性(记录调试参数过程)；

第六，将上述控制器与飞行器的非线性模型进行联合调试，调整PID控制器参数以保证系统仿真的稳定性(记录调试参数过程)。

实训报告及要求：

① 给出四旋翼X形、六旋翼X形、八旋翼X形及+形布局下的飞行器的转速控制量与其对应拉力之间的关系(如式(5.21))；计算飞行器姿态动力学简化系统模型(如式(5.26))。

② 详细描述姿态、位置PID控制器从基于单通道模型到简单非线性模型，最后到完整的非线性模型的参数设计及调整过程。

③ 按规范布局实训报告。

思维训练

1. 简述多旋翼无人机的控制基本原理。

2. 多旋翼无人机建模过程包括哪几部分？并做了哪些假设？多旋翼无人机所受的外力有哪些？

3. 推导多旋翼无人机的动力分配矩阵。

4. 多旋翼无人机控制器结构包括哪几部分？

5. 位置稳定控制与姿态稳定控制是怎么实现的？

6. Routh - Hurwitz稳定多项式在PID控制器设计中是怎么体现的？

7. 给出四旋翼+形、六旋翼X形、八旋翼X形及+形布局下的飞行器的电机系统的转速控制量与其对应拉力之间的关系。

8. 给出不同布局下的多旋翼无人机姿态动力学简化系统模型。

第6章　多旋翼无人机的发展与展望

引言：消费级的多旋翼无人机已经融入了个人航拍领域，空中第三视觉角度在帮助人们记录许多精彩瞬间的同时，也拓宽了人们获得公共突发事件第一手资料的途径。前面几章内容从多旋翼无人机系统设计的角度出发，从飞行器结构、动力系统、导航系统及控制系统4个子方面讲述多旋翼无人机的故事。就像机器人一样，人类希望机器人能够在人机伦理背景下，具有像人一样的思维及行动能力，以帮助人类在更多领域进行探险、工作等。多旋翼无人机作为一种空中机器人，人类也希望它在各种应用背景下具有顽强的“生命力”，能够在与人类和谐相处的同时，为人类社会贡献自己的力量。

多旋翼无人机的发展主要有两个方面：一是“自我生命力顽强”，这里主要涉及自身的硬件配置足够维持其生命力；二是“智能化程度高”，主要涉及飞行器配备的导航、制导与控制的综合性能。

6.1　多旋翼无人机“硬件”的发展

正如前面讲到的，多旋翼无人机的机械结构及动力系统是飞行器的“身体”，飞行器为了能够完成更多的任务，一个重要的指标就是“身体要强健”。对于多旋翼无人机，主要有3部分重要的“身体组件”需要得到加强发展。

1. 空气动力学以及旋翼设计

由于多旋翼无人机具有体积小、速度较低、低雷诺数效应突出等特点，导致其飞行境况相对复杂，易被外界干扰，因此空气动力学很复杂。低雷诺数条件下，粘性效应和非定常效应的更加显著导致翼型的飞行特性与高雷诺数条件下区别很大，但飞行器必须仍具有良好的飞行特性。因此，多旋翼无人机在往中型、大型发展时，更需要考虑外形空气动力学性能，同时飞行器的旋翼需要具有较高的升力和升阻比。

2. 最优化总体设计

多旋翼无人机的总体设计将会朝着质量轻、体积小、低碳环保的方向发展。基于其自身特征，飞行环境等方面都与常规飞行器有较大的差异，在其总体设计、空气动力学分析方面更存在一定的特殊性。在安装时，要让螺旋桨的旋转平面与电机的对称轴垂直，从而利用动平衡效果来减小振动，除此之外，还可以放置振动隔离装置。为了应对飞行器负载质量的增加和飞行稳定性要求的提高，可以靠增加桨叶数量来满足要求，数量的增加意味着螺旋桨直径的减小。旋翼直径的减小有利于飞行器在小空间内任意飞行并降低飞行阻力，但桨叶的增加无疑使其质量加大和成本上升，因此对桨叶的数量要有一个权衡。随着复合材料的发展，相信桨叶的质量会越来越小。

3. 动力源以及电池管理

电力供给是多旋翼无人机的一个研究瓶颈,大量研究者在提升电池能量密度上正发力突破。未来锂离子电池组的体积将减小,而续航里程则增大,在多旋翼飞机上采用新型电池可提高续航能力。为了解决续航短以及承载力小的问题,可以利用发动机来代替电机,由一个发动机提供动力,同时通过飞行控制系统控制 4 个舵机来改变桨叶螺距实现升力的变化。电池优化管理系统主要面临的两个关键技术就是如何监控电池电压以及预测剩余的电池电量。由于目前的多旋翼无人机主要是通过电池提供动力，所以对电池组的优化管理也很重要,必须实时根据飞行条件监控电池的电压及剩余的电量来判断其飞行范围,从而避免因电量不足而坠机。

6.2 多旋翼无人机“智能化”的发展

多旋翼无人机作为旋翼无人机的一种,为了拓展其未来的应用领域,飞行器需要满足一定的“智能化”水平,此“智能化”更多的体现在飞行器的自主性能上。这里以美国国家标准技术研究所(National Institute of Standards and Technology,NIST)系统自主度等级工作组提出的无人系统自主度(Autonomy Levels for Unmanned Systems,ALFUS)的定义为基准来制定多旋翼无人机的自主度等级。自主度即是系统独立于操作者的管理程度和自我管理能力。旋翼无人机的自主度(Autonomy Levels for Unmanned Rotorcraft Systems, ALFURS)主要根据 3 方面来衡量:对人的依赖程度(Human Independence,HI)、任务复杂程度(Mission Complexity,MC)和环境复杂程度(Environmental Complexity,EC)。本节通过分析探讨这 3 方面来分析多旋翼无人机的自主度等级,如表 6.1 所列。

表 6.1 多旋翼无人机的自主度

等级	自主描述	制导	导航	控制
5	完全自主	基于人的高水平决策完成大部分使命,不需要外部系统介入(无需人的干预)	具有人性化的导航功能,在复杂环境下具有超过人类的快速环境感知能力	在相同的状态和条件下有更好的飞行能力
4	群认定和群体决策、情形感知和识别	群体分配策略和选择策略目标,推理、高自主度策略决策、策略任务规划和策略目标选择等(20 %人为参与)	在环境复杂的情形下,有意识长期跟踪目标,参与其他飞机执行的任务(高精度的情形感知)	根据当时的现状和预测的状况选择合适的控制结构
3	实时协作动态任务规划和障碍物检测	协作任务规划和执行,优化多机执行任务能力,躲避障碍物,自我诊断等(20% 人为参与)	高水平的预测和感知能力,将检测到的目标/事件进行归类,碰撞检测和数据共享等中等精度情形感知	分布式或集中式的控制策略,协同操作,精确的三维鲁棒轨迹跟踪能力
2	独立的外部导航(无 GPS)	预设程序(路径、参考轨迹等)由外部系统分析和决策(50%人为参与)	所有遥感和状态估测由飞行器完成,预测和情形感知由人为操作来完成	控制命令通过飞行控制系统进行运算(自动控制飞行器的三维姿态、速度及位置)

续表 6.1

等级	自主描述	制导	导航	控制
1	简单的自主飞行	预设程序(路径、参考轨迹等)由外部系统分析和决策(50%人为参与)	大部分遥感和状态估测由飞行器完成,预测和情形感知由人为操作完成	控制命令通过飞行控制系统进行运算(自动控制飞行器的三维姿态、速度及位置)
0	遥控	制导功能都由外部系统实现(100%人为参与)	传感器传回的数据通过外部系统进行处理和分析	控制指令通过外部遥控系统产生

1. 飞行控制系统

多旋翼无人机中除了增稳系统以外,它的控制系统还包括速度/位置控制、航向控制、三维轨迹跟踪等。多旋翼无人机控制可分为基于学习的飞行控制、线性飞行控制和基于模型非线性控制 3 类。

(1) 基于学习的飞行控制

这种控制系统的特点是不需要使用动态模型,但是要通过实验获得飞行数据来训练这个系统。比较常用的控制方法有:模糊控制、人工神经网络控制(ANN)、基于人的学习控制等。

模糊控制一般用专家知识和经验数据来创建模糊规则。可以采用模糊控制方法作为分层控制,底层的控制输入模块通过高层的飞行模式模块来进行调节。一个多级模式控制结构包括混合模糊逻辑控制(FLC)和回归神经网络控制(GRNNC)。混合模糊逻辑控制规则通过自由模型的经验数据自动创建,GRNNC 用来修正控制输入和控制输出的误差,以提高 FLC 的性能。通过仿真实验表明,混合飞行控制不适合用于实际的多旋翼无人机上。另一种基于学习的飞行控制方法是人工神经网络控制。很多科研工作都是通过在线或离线的方式使用 ANN 的方法对多旋翼无人机建立动态模型,ANN 也常与其他控制器结合起来用在多旋翼无人机的控制中。

基于人的学习控制方法是通过分析操作人员熟练操作的数据来设计控制器的。通常无人机执行特技飞行时无需复杂的控制理论,但是无法实现精确的轨迹跟踪功能。

(2) 线性飞行控制

传统的飞行控制方法建立在线性控制的基础上,例如 PID、LQR 和 H∞。PID 控制是应用最广泛、最成功的线性控制技术,应用在多旋翼无人机的控制上时一般采用两层循环的分层体系结构,内部循环用单输入单输出(SISO)控制各姿态角,外部循环通过解耦控制实现平移运动控制。线性二次型调节器(LQR)/高斯(LQG)是很受欢迎的最优控制技术,并且已经应用到多种不同配置的旋翼无人机中。H∞控制方法属于基于模型的鲁棒控制方法,在动态模型不精确的情况下用 H∞控制器也能很好地实现多旋翼无人机的自主飞行。

(3) 基于模型的非线性控制

由于线性控制方法存在一定的局限性,因此一些研究机构采用非线性控制方法控制多旋翼无人机的飞行。非线性控制方法通常是基于飞行器的动态非线性模型。常用的非线性控制方法有:反馈线性化或动态逆、自适应控制、模型预测控制、反步法控制。

反馈线性化是利用非线性转换技术将系统的状态变量转换到新的线性坐标中,再使用线性工具通过逆变换转换到原来的坐标系中。动态逆是反馈线性化的特殊情况,它已经在无人和有人飞机中得到了广泛使用。反馈线性化方法依赖精确的非线性模型，对建模误差敏感，且不能处理动态系统的未知变化，为了增强对建模误差的鲁棒性，可以采用自适应控制应对无动态模型和参数不确定的情况。另一种不依赖动态逆的非线性控制系统是模型预测控制系统，也称为滚动时域控制。它使用显性模型来预测飞行器的输出性能，并设计优化的控制输入来保证追踪误差在有限时间内收敛，实时解决最优控制问题。反步法控制用递归方法来控制线性和非线性的欠驱动系统。

在飞行控制系统中，基于学习的控制方法不需要使用动态模型，但是要通过飞行实验来训练这个系统，一般该类控制方法不适用于精度要求高的无人机控制系统；线性控制方法在多旋翼无人机中应用最为广泛，但对于非线性较强的线性控制方法存在一定的局限性；非线性控制虽然性能优越，但对模型精确性要求较高，如何有效地解决模型不确定性的影响以及实时推算系统模型，成为该种控制方法在今后发展的关键。

2. 导航系统

通常多旋翼无人机系统包括无人机本体、飞行控制系统、导航系统和制导系统、通信模块和地面站。为了设计较高自主度的多旋翼无人机系统，除了飞行控制系统外，还需要合适的导航系统来完成状态估测、环境预测和情形感知。

(1) 传感器技术

大部分旋翼无人机的研究平台都搭载 IMU、超声波测距、红外测距、气压计、全球卫星导航系统(GPS 或 GNSS)、激光雷达等导航传感器。IMU 传感器是无人机中最基本的传感器，它包括陀螺仪、加速计和磁力计，主要用于姿态估测。当多旋翼无人机在特定高度盘旋飞行或室内进行障碍物检测时常用到超声波测距传感器或红外测距传感器，这两种传感器主要用于低水平高度控制和避障。为了提高高度检测的精度，常用的辅助传感器有气压计、无线电探测器等。激光雷达可用于实现 SLAM，来完成复杂环境中的无人机导航。GPS 传感器主要用于对飞行器进行跟踪和定位，当无人机在室外飞行时，对其位置进行追踪可确保飞行器的安全。除了上述提到的传感器以外，在无人机上还经常用相机来实现视频反馈、图像识别和处理、避障等功能。

(2) 状态估计

多旋翼无人机的状态估测可定义为对飞行器当前三维状态的跟踪处理。状态估测算法将多个传感器测得的数据、地图信息和地面的数据信息融合处理来估测飞机的姿态、速率和位置。根据传感器技术，我们将状态估测分为 3 类：①传统估测系统；②基于视觉的系统；③基于测距传感器的系统。

1) 传统估测系统

多旋翼无人机通常使用 GPS 和 IMU 提供飞行时的位置和姿态信息，这些测量单元一般可以满足飞行器在无障碍的环境中飞行。状态的估测可以使用 2 个扩展卡尔曼滤波器来完成。一个扩展卡尔曼滤波器利用 IMU 的原始数据进行航向和姿态估测，另一个扩展卡尔曼滤波器利用 GPS 原始数据和平移加速度对位置和速率进行估测。为了提高所测高度的精度，可将高度测量计和第二个扩展卡尔曼滤波器协同工作。另外，还有其他的传感器数据处理方法，如粒子滤波器和互补滤波器，但是不适用于状态估测。

2) 基于视觉的系统

基于 GPS 导航的无人机依赖于卫星传输的信号，但是多旋翼无人机有时需要在没有卫星信号的环境下工作，如室内，此时 GPS 将失去作用。为了在这样的环境下可靠地完成任务，需要设计在没有 GPS 导航时的后备导航系统。考虑成本、质量、能耗、尺寸等方面的因素，视觉系统可作为在无 GPS 时多旋翼无人机的导航系统。计算机视觉系统可作为多旋翼无人机飞行控制时状态估测系统的一部分，也可作为预测系统对障碍物和目标进行检测，还可作为任务传感器收集所需的信息。我们将视觉状态估测系统分为 6 类：地面视觉（OGV）、视觉测程法（VO）、目标相对导航（TGRN）、地标地形相对导航（TRN）、运动结构估测（SFM 和 SLAM）和仿生光流导航（BIOFN）。

3）基于测距传感器的系统

除了上述方法外，还有基于测距传感器的状态估测方法。比较常用的测距传感器有激光雷达、超声波、红外测距传感器等，一般将它们作预测使用，但是也有研究团队将它们用于状态估测和室内飞行控制。

① 用超声波作状态估测：将 3 个互相垂直的超声波测距仪安装在多旋翼无人机上来提供飞行器的三维位置信息，进而实现其自主盘旋、起飞和着陆等功能。

② 基于激光雷达的 SLAM 方法：基于激光雷达的 SLAM 算法实现旋翼无人机在室内自主导航，使用激光雷达和 IMU 为主要的导航传感器实现飞机的定位和地图的更新。使用激光波束向下检测并控制无人机与地面的距离，并使用基于激光雷达扫描匹配算法来估测多旋翼无人机的二维位置和航向，然后将估测的数据和 IMU 加速计的数据通过扩展卡尔曼滤波器融合，进一步提高检测精度。

（3）感知系统

在实际环境中飞行时，多旋翼无人机需要实时检测和躲避周围环境中的障碍物、感知和跟踪目标、构建周围环境地图等。在环境感知技术中需要用到相机和测距传感器，传感器选择的主要依据为多旋翼无人机的负载能力和需要实现的功能。通常旋翼无人机的感知系统可分为两类：基于视觉的感知系统和基于激光雷达的感知系统。

视觉感知系统主要依据导航任务的不同进行分类，它主要用于目标检测和跟踪、无需地图构建的障碍物检测、基于地图构建的航路检测与安全着陆点检测、任务导向感知等。实时地处理周围环境的有效信息需要高速处理的能力和对周围环境高度的察觉能力，因此，在实现上具有一定的难度。

而基于激光雷达的感知系统可以提供周围环境的准确信息却不需要高速计算能力。由于激光雷达感知系统在质量和能量消耗方面的限制，使它只能装载于有足够负载能力的多旋翼无人机系统上。近年来，由于激光雷达的微型化使它也能在小型多旋翼无人机上使用。基于激光雷达的感知系统主要分为 4 类：无地图的障碍物检测、实时自我定位与地图构建（SLAM）、实时地图构建与规划（SMAP）和安全着陆地点检测（SLAD）。

3. 制导系统

制导系统是提高多旋翼无人机自主度的重要部分。典型的无人机制导系统包括：轨迹生成、路径规划和避障、任务规划、推理和高层决策。

根据多旋翼无人机自主度的不同，各部分功能通过人为操作或无人机上的自主功能实现。通过人在地面站控制或使用初级制导系统实现多旋翼无人机按照预先制定的路径飞行。这些制导系统可用于在高空执行任务的多旋翼无人机上，但飞行器要完成更加复杂的任务就需要有更加智能化的制导能力。通常多旋翼无人机在低空复杂的环境中工作，需要先进的制导和预测能力来躲避障碍物和规划飞行路径。现在很多研究机构都热衷于研究通过提高多旋翼无人机的制导水平来提高无人机的自主度，如根据检测到的障碍物或环境的变化来重新规划路径。

(1) 路径规划方法和算法

路径规划问题被广泛地研究和探讨，不同的理论和算法已经被提出，如最优算法和启发式算法、全局路径规划和局部路径规划、有与没有约束条件的路径规划、三维与二维的路径规划等。关于无人机路径规划已经有大量的论文成果，但多数路径规划算法仅通过仿真得到验证。最常用的一些典型路径规划方法分为以下 6 类：①路线图，包括可见的地图、泰森多边形法路线图、概略路线图、快速探索随机树；②势场；③最优化方法；④启发式搜索算法；⑤不确定规划；⑥仿生避障方法。

方法①～⑤可以实现全局、局部和两者混合的路径规划，但是方法⑥却不能。全局路径规划一般假设对世界环境彻底了解，并且给出达到目的地最正确、最优的一条路径。这些算法很难实现，特别是在轨迹需要修复或检测到障碍物路径需要重新规划的情况下。局部路径规划是基于传感器的路径规划，它比全局路径规划能更好地利用实时更新的传感器数据，但这种算法在它的完整性和最优性方面得不到保障，相反，避障算法却可以根据现在的情况快速做出下一步的判断。总的来说，一个切合实际的路径规划是将这些不同的路径规划方法相结合。

(2) 任务规划和高自主水平

除了路径规划以外，高水平自主的无人机还包括任务导向规划和协调能力。在地面机器人领域，认知、推理和人工智能准则等方面在当下是很活跃的研究课题。多旋翼无人机任务规划主要包括选择访问区域(按路点或轨迹飞行)以及其他一些动作，如加载/卸载负载、信息获取等。现在，很多研究机构想通过提高制导系统的复杂程度来提升无人机的任务规划和高水平自主能力。国外研究人员在设计高度自主的智能制导系统时使用了决策理论方法以实现任务规划，该制导系统包含了传输层、目标执行层和技术层。这个制导系统可通过马尔可夫决策过程。

(3) 多个多旋翼无人机协同工作

多架无人机协同工作比单机工作能力更强，能完成更加复杂和艰巨的任务。由表 6.1 可看出，多架无人机协同工作能提升自主度。虽然很多研究机构研究协同工作的算法，但却很少有得出实验结果的。根据已经提出的算法结构，可将多机协同合作分为协同飞行、协同感知、协同任务规划与决策这 3 类，其中，大多数旋翼无人机的协同飞行还包括编队飞行、避免碰撞、物品运输等。

思维训练

1. 简述多旋翼无人机结构设计的发展方向。
2. 试结合已有的飞行器分析其在无人机自主度中所处的层次。
3. 阐述多旋翼无人机的导航、制导与控制的发展方向。

附录　考虑旋翼挥舞运动的四旋翼无人机模型 M 文件

```
function [sys,x0,str,ts] = quadrotor_dynamics(t,x,u,flag, quad)
    % Flyer2dynamics lovingly coded by Paul Pounds, first coded 12/4/04
    % A simulation of idealised X-4 Flyer II flight dynamics.
    % version 2.0 2005 modified to be compatible with latest version of Matlab
    % version 3.0 2006 fixed rotation matrix problem
    % version 4.0 4/2/10, fixed rotor flapping rotation matrix bug, mirroring

    warning off MATLAB:divideByZero

    % New in version 2:
    %     - Generalised rotor thrust model
    %     - Rotor flapping model
    %     - Frame aerodynamic drag model
    %     - Frame aerodynamic surfaces model
    %     - Internal motor model
    %     - Much coolage

    % Version 1.3
    %     - Rigid body dynamic model
    %     - Rotor gyroscopic model
    %     - External motor model

    % ARGUMENTS
    %   u       Reference inputs                1x4
    %   tele    Enable telemetry (1 or 0)       1x1
    %   crash   Enable crash detection (1 or 0) 1x1
    %   init    Initial conditions              1x12

    % INPUTS
    %   u = [N S E W]
    %   NSEW motor commands                     1x4

    % CONTINUOUS STATES
    %   z     Position                          3x1   (x,y,z)
    %   v     Velocity                          3x1   (xd,yd,zd)
    %   n     Attitude                          3x1   (Y,P,R)
    %   o     Angular velocity                  3x1   (wx,wy,wz)
```

```
    %    w       Rotor angular velocity               4x1

    % CONTINUOUS STATE MATRIX MAPPING
    %    x = [z1 z2 z3 n1 n2 n3 z1 z2 z3 o1 o2 o3 w1 w2 w3 w4]

    % INITIAL CONDITIONS
    z0 = [-1 0 -.15];        %   z0   Position initial conditions          1x3
    n0 = [0 0 0];            %   n0  Ang. position initial conditions      1x3
    v0 = [0 0 0];            %   v0  Velocity Initial conditions           1x3
    o0 = [0 0 0];            %   o0 Ang. velocity initial conditions       1x3
    init = [z0 n0 v0 o0];

    % CONTINUOUS STATE EQUATIONS
    %    z' = v
    %    v' = g * e3 - (1/m) * T * R * e3
    %    I * o' = -o X I * o + G + torq
    %    R = f(n)
    %    n' = inv(W) * o

    % Dispatch the flag.
    %

    switch flag
        case 0
            [sys,x0,str,ts] = mdlInitializeSizes(init, quad); % Initialization
        case 1
            sys = mdlDerivatives(t,x,u, quad); % Calculate derivatives
        case 3
            sys = mdlOutputs(t,x, quad); % Calculate outputs
        case { 2, 4, 9 } % Unused flags
            sys = [];
        otherwise
            error(['Unhandled flag = ',num2str(flag)]); % Error handling
    end
end % End of flyer2dynamics

% ==============================================================
% mdlInitializeSizes
% Return the sizes, initial conditions, and sample times for the
% S-function.
% ==============================================================
%
function [sys,x0,str,ts] = mdlInitializeSizes(init, quad)
    %
    % Call simsizes for a sizes structure, fill it in and convert it
```

```
        % to a sizes array.
        %
        sizes = simsizes;
        sizes.NumContStates    = 12;
        sizes.NumDiscStates    = 0;
        sizes.NumOutputs       = 12;
        sizes.NumInputs        = 4;
        sizes.DirFeedthrough   = 0;
        sizes.NumSampleTimes   = 1;
        sys = simsizes(sizes);
        %
        % Initialize the initial conditions.
        x0 = init;
        %
        % str is an empty matrix.
        str = [];
        %
        % Generic timesample
        ts = [0 0];

        if quad.verbose
            disp(sprintf('t\t\tz1\t\tz2\t\tz3\t\tn1\t\tn2\t\tn3\t\tv1\t\tv2\t\tv3\t\to1\t\to2\t\
to3\t\tw1\t\tw2\t\tw3\t\tw4\t\tu1\t\tu2\t\tu3\t\tu4'))
        end
    end % End of mdlInitializeSizes.


    % ==============================================================
    % mdlDerivatives
    % Calculate the state derivatives for the next timestep
    % ==============================================================
    %
    function sys = mdlDerivatives(t,x,u, quad)
        global a1s b1s

        % CONSTANTS
        % Cardinal Direction Indicies
        N = 1;                          %   N       'North'             1x1
        E = 2;                          %   S       'South'             1x1
        S = 3;                          %   E       'East'              1x1
        W = 4;                          %   W       'West'              1x1

        %   Di      Rotor hub displacements             1x3
        D(:,1) = [quad.d;0;quad.h];
        D(:,2) = [0;quad.d;quad.h];
```

```
D(:,3) = [-quad.d;0;quad.h];
D(:,4) = [0;-quad.d;quad.h];

%Body-fixed frame references
%    ei  Body fixed frame references         3x1
e1 = [1;0;0];
e2 = [0;1;0];
e3 = [0;0;1];

%EXTRACT STATES FROM U
w = u(1:4);

%EXTRACT STATES FROM X
z = x(1:3);     % position in {W}
n = x(4:6);     % RPY angles {W}
v = x(7:9);     % velocity in {W}
o = x(10:12); % angular velocity in {W}

%PREPROCESS ROTATION AND WRONSKIAN MATRICIES
phi = n(1);      % yaw
the = n(2);      % pitch
psi = n(3);      % roll

% rotz(phi)*roty(the)*rotx(psi)
% BBF > Inertial rotation matrix
R = [cos(the)*cos(phi) sin(psi)*sin(the)*cos(phi)-cos(psi)*sin(phi)
    cos(psi)*sin(the)*cos(phi)+sin(psi)*sin(phi);…
    cos(the)*sin(phi) sin(psi)*sin(the)*sin(phi)+cos(psi)*cos(phi)
    cos(psi)*sin(the)*sin(phi)-sin(psi)*cos(phi);…
    -sin(the)sin(psi)*cos(the)   cos(psi)*cos(the)];


%Manual Construction
%      Q3 = [cos(phi) -sin(phi) 0;sin(phi) cos(phi) 0;0 0 1];
%      RZ
%      Rotation mappings
%      Q2 = [cos(the) 0 sin(the);0 1 0;-sin(the) 0 cos(the)];     % RY
%      Q1 = [1 0 0;0 cos(psi) -sin(psi);0 sin(psi) cos(psi)];     % RX
%      R = Q3*Q2*Q1      %Rotation matrix
%
%     RZ * RY * RX
%inverted Wronskian
iW = [0          sin(psi)             cos(psi);…
      0          cos(psi)*cos(the)  -sin(psi)*cos(the);…
      cos(the) sin(psi)*sin(the) cos(psi)*sin(the)] / cos(the);
```

```
% ROTOR MODEL
for i = [N E S W] % for each rotor
    % Relative motion
    Vr = cross(o,D(:,i)) + v;
    mu = sqrt(sum(Vr(1:2).^2)) / (abs(w(i)) * quad.r);
    % Magnitude of mu, planar components
    lc = Vr(3) / (abs(w(i)) * quad.r);
    % Non-dimensionalised normal inflow
    li = mu; % Non-dimensionalised induced velocity approximation
    alphas = atan2(lc,mu);
    % Sideslip azimuth relative to e1 (zero over nose)
    j = atan2(Vr(2),Vr(1));
    J = [cos(j) -sin(j);
        sin(j) cos(j)];
    % BBF > mu sideslip rotation matrix

    % Flapping
    beta = [((8/3 * quad.theta0 + 2 * quad.theta1) * mu - 2 * (lc) * mu)/(1 - mu^2/2); % Lon-
            gitudinal flapping 0;];
    % sign(w) * (4/3) * ((Ct/sigma) * (2 * mu * gamma/3/a)/(1 + 3 * e/2/r) + li)/(1 + mu^2/
      2)]; % Lattitudinal flapping (note sign)
    beta = J' * beta;
    % Rotate the beta flapping angles to longitudinal and lateral coordinates.
    a1s(i) = beta(1) - 16/quad.gamma/abs(w(i)) * o(2);
    b1s(i) = beta(2) - 16/quad.gamma/abs(w(i)) * o(1);

    % Forces and torques
    T(:,i) = quad.Ct * quad.rho * quad.A * quad.r^2 *
             w(i)^2 * [-cos(b1s(i)) * sin(a1s(i));
             sin(b1s(i)); -cos(a1s(i)) * cos(b1s(i))];    % Rotor thrust, linearised
             angle approximations
    Q(:,i) = -quad.Cq * quad.rho * quad.A * quad.r^3 * w(i) * abs(w(i)) * e3;
    # % Rotor drag torque - note that this preserves w(i) direction sign
    tau(:,i) = cross(T(:,i),D(:,i));
    % Torque due to rotor thrust
end

% RIGID BODY DYNAMIC MODEL
dz = v;
dn = iW * o;

dv = quad.g * e3 + R * (1/quad.M) * sum(T,2);
do = inv(quad.J) * (cross(-o,quad.J * o) + sum(tau,2) + sum(Q,2));
% row sum of torques
sys = [dz;dn;dv;do];
```

```
    % This is the state derivative vector
end
% End of mdlDerivatives.


% ==================================================================
% mdlOutputs
% Calculate the output vector for this timestep
% ==================================================================
%
function sys = mdlOutputs(t,x, quad)
    % CRASH DETECTION
    if x(3)>0
        x(3) = 0;
        if x(6) > 0
            x(6) = 0;
        end
    end
    % if (x(3)>0)&(crash)
    %     error('CRASH! ')
    % end

    % TELEMETRY
    if quad.verbose
        disp(sprintf('%0.3f\t',t,x))
    end

    % compute output vector as a function of state vector
    %    z      Position                    3x1   (x,y,z)
    %    v      Velocity                    3x1   (xd,yd,zd)
    %    n      Attitude                    3x1   (Y,P,R)
    %    o      Angular velocity            3x1   (Yd,Pd,Rd)

    n = x(4:6);    % RPY angles
    phi = n(1);    % yaw
    the = n(2);    % pitch
    psi = n(3);    % roll


    % rotz(phi) * roty(the) * rotx(psi)
    % BBF > Inertial rotation matrix
    R = [cos(the) * cos(phi) sin(psi) * sin(the) * cos(phi) - cos(psi) * sin(phi)
         cos(psi) * sin(the) * cos(phi) + sin(psi) * sin(phi);...
         cos(the) * sin(phi) sin(psi) * sin(the) * sin(phi) + cos(psi) * cos(phi)
         cos(psi) * sin(the) * sin(phi) - sin(psi) * cos(phi);...
```

```
        - sin(the)          sin(psi) * cos(the)          cos(psi) * cos(the)];

    % inverted Wronskian
    iW = [0         sin(psi)             cos(psi);...
          0         cos(psi) * cos(the)  - sin(psi) * cos(the);...
          cos(the) sin(psi) * sin(the) cos(psi) * sin(the)] / cos(the);

    % return velocity in the body frame
    sys = [ x(1:6);
            inv(R) * x(7:9);    % translational velocity mapped to body frame
            iW * x(10:12)];     % RPY rates mapped to body frame
end
% End of mdlOutputs.
```

参考文献

[1] 王云. 航空航天概论[M]. 北京:北京航空航天大学出版社, 2009.

[2] 祝小平,向锦武,张文才,等. 无人机设计手册[M]. 北京: 国防工业出版社, 2007.

[3] ArduPilot Dev Team. 电机布局[EB/OL]. [2018-01-03]. http://ardupilot.org/copter/docs/connect-escs-and-motors.html.

[4] 姚宪华, 梁建宏. 创意之星:模块化机器人创新设计与竞赛[M]. 北京:北京航空航天大学出版社, 2010.

[5] 亿航智能. 亿航 184 无人驾驶飞机[EB/OL]. [2018-01-03]. http://www.ehang.com/cn/ehang184/.

[6] 大疆创新. 大疆经纬 M600[EB/OL]. [2018-01-03]. http://www.dji.com/cn/matrice600-pro.

[7] 戴葆青. 材料力学[M]. 北京:北京航空航天大学出版社,2010.

[8] 杨力, 张帆, 张峰. 四旋翼飞行器动力控制系统研究与设计[J]. 科学技术与工程, 2012, 12(24):6087-6090.

[9] 杨盛毅, 唐胜景, 刘超,等. 基于动力系统模型的四旋翼推力估计方法[J]. 北京理工大学学报, 2016, 36(6): 558-562.

[10] 徐进. 锂电池充放电特性分析和测试[J]. 中国西部科技, 2011,10(33):3-4.

[11] 杨志坚. 模型飞机螺旋桨的奥秘[J]. 农村青少年科学探究, 2010(12):42-44.

[12] Tyto Robotics Inc. Rcbenchmark 1580 拉力测试仪[EB/OL]. [2018-01-07]. https://rcbenchmark.wpengine.com/dynamometer-series-1580/.

[13] ArduPilot Dev Team. 减振措施[EB/OL]. [2018-01-07]. http://ardupilot.org/copter/docs/Common-Vibration-Damping.html.

[14] 李荣冰, 刘建业, 曾庆化, 等. 基于 MEMS 技术的微型惯性导航系统的发展现状[J]. 中国惯性技术学报, 2004, 12(6):88-94.

[15] u-blox. u-blox NEO-7 数据手册[EB/OL]. [2018-01-07]. https://www.u-blox.com/zh/product/neo-7-series.

[16] Leddartech. Leddar one 数据手册[EB/OL]. [2018-01-07]. http://leddartech.com/modules/leddarone/.

[17] 潘银松, 刘天刚, 马泽忠, 等. 基于 MS5611 的小型无人机高度检测系统设计[J]. 电子测量技术, 2015(7):22-26.

[18] 吴永亮, 王田苗, 梁建宏. 微小型无人机三轴磁强计现场误差校正方法[J]. 航空学报, 2011, 32(2):330-336.

[19] 梁延德, 程敏, 何福本, 等. 基于互补滤波器的四旋翼飞行器姿态解算[J]. 传感器与微系统, 2011, 30(11):56-58.

[20] 秦永元. 卡尔曼滤波与组合导航原理[M]. 3 版. 西安:西北工业大学出版社,2015.
[21] 胡寿松. 自动控制原理[M]. 5 版. 北京:科学出版社, 2007.
[22] 王璐. 四旋翼无人飞行器控制技术研究[D]. 哈尔滨:哈尔滨工程大学, 2011.
[23] 宋子豪. 多旋翼无人机 LPV 飞行控制[D]. 杭州:浙江大学, 2015.
[24] 王伟,宋延华, 马浩,等. 旋转翼无人机系统[J]. 控制工程, 2015, 22(2). 205-212.
[25] Department of Defense. FY2009-2034 Unmanned Systems Integrated Roadmap[M]. s. n. ,2009.
[26] Peter Corke. Robotics Toolbox[EB/OL]. [2018 - 01 - 09]. http://petercorke. com/wordpress/toolboxes/robotics-toolbox.